130 PROBLÈMES DE ROBINETS QUI FUIENT ET DE TRAINS QUI SE CROISENT

130 PROBLÈMES ARDUS D'ARITHMÉTIQUE, EXTRAITS DES OUVRAGES DE PRÉPARATION AU *CERTIFICAT D'ÉTUDES* DE 1923.

LAROUSSE

21, rue du Montparnasse 75283 Paris Cedex 06

Direction de la publication
Carine Girac-Marinier

Direction éditoriale
Jacques Florent

Édition
Antoine Caron

Direction artistique
Uli Meindl

Mise en pages
Typo-Virgule

Lecture-correction
Sylvie Porté

Fabrication
Marlène Delbeken

Illustrations
dessins : archives Larousse ; frise titre : © pilarts/Fotolia.com

ISBN 978-2-03-589468-7

Avant-propos

Le certificat d'études primaires a donné des sueurs froides à des générations d'enfants de 1866 à 1989. Le diplôme attestait des connaissances acquises par l'élève de 11 à 13 ans au terme de l'enseignement primaire obligatoire. Sorte de championnat de France de l'éducation, l'examen était très sélectif et, au début du 20e siècle, seulement 30 % des candidats décrochaient leur diplôme. L'élite pouvait alors prétendre au Saint-Graal : embrasser une carrière dans la fonction publique !

Parmi les nombreuses épreuves de l'examen, les problèmes d'arithmétiques ont laissé des souvenirs périlleux à de nombreuses têtes blondes : trains lancés à toute allure, champs de pommes de terre à labourer, robinets défectueux, calculs de prix de vente et de prix de revient, dilemmes de rentier... Pour résoudre ces énigmes, nul besoin d'un diplôme d'ingénieur : beaucoup de logique, quelques connaissances de base (unités, calculs d'aires, opérations sur les fractions...) et surtout, un bon décryptage de l'énoncé. Et avec un peu d'attention, vous réussirez à trouver... l'âge du capitaine !

Retrouvez l'univers du certificat d'études grâce à ces jeux issus des manuels Larousse de préparation à l'examen publiés en 1923. Creusez-vous les méninges, faites appel à de vieux souvenirs, révisez les grands principes avec les pages « coup de pouce », et évaluez-vous grâce aux corrigés détaillés.

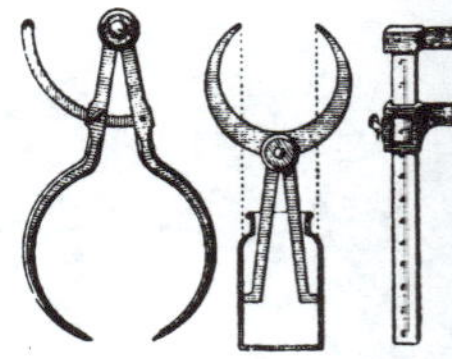

PROBLÈMES DE PRIX D'ACHAT, DE PRIX DE VENTE

(5 POINTS) **1. UNE BONNE TOILE**

Un tisserand fait en 12 jours une pièce de toile de 120 m. Pour cela, il achète 54 kg de fil à 22,50 f le kilo. Combien devra-t-il revendre le mètre de toile pour gagner 16,25 f par jour ?

Métier à tisser.

54 x 22,50 = 1.215 F
1215/12 = 101,25
+ 16,25 = 117,50 F
120/12 = 10 m   117,50/10 = 11,75 F/m

(5 POINTS) **2. LE PRIX DU BLÉ**

Les frais d'exploitation de l'hectare cultivé en blé s'élèvent à 922,50 f. L'hectare donne pour 230 f de paille et 19,5 hl de grain. À quel prix faut-il vendre l'hectolitre de blé pour gagner 1 082 f sur la culture d'un hectare ?

922,50/19,5 = 47,30   2.004,50
1.774,5/19,5   = 102,80 fr
91 F

(5 POINTS) **3. VENTES DE BÉTAIL**

Un cultivateur vend un veau de 113 kg à 3,60 f le demi-kilo, et un porc de 158 kg à 260 f les 50 kg. Après avoir reçu l'argent de ces deux ventes, combien lui manque-t-il pour payer 35 brebis à 125 f l'une ?

35 x 125 = 4.375
113 x (3,6 x 2) = 813,60 } = 1.635,20
158 x (260/50) = 821,60
2.739,80

PROBLÈMES DE BÉNÉFICES

(5 POINTS) **4. LES TRUITES CUISINÉES**

Une maîtresse d'hôtel a acheté 12 truites pesant chacune 275 g, à raison de 12,50 f le kilo. Elle les apprête et les sert sur 4 plats qu'elle fait payer 25,75 f l'un. Quel est le bénéfice net, les frais de cuisson et autres s'élevant à 9,75 f ?

12 x 275 x 12,50 = 41,25
+ 9,75 — 51
4 x 25,75 = 103
52 F

(10 POINTS) **5. LA CULTURE DU COLZA**

Un cultivateur a ensemencé en colza une pièce de terre de 4,05 ha. Les frais de culture et de fumure s'élèvent à 703,20 f à l'hectare. La récolte a été de 18 hl par hectare ; elle a été vendue 101,60 f l'hectolitre. Sachant que la terre ensemencée a été louée 2,40 f les 75 m^2, on demande quel est le bénéfice de ce cultivateur.

703,20 x 4,05 = 2.847,96
4,05 x 18 x 101,60 = 7.406,64
2,40 x 10.000 / 75 = 320 x 4,05 = 1.296 -
3.262,68

Colza.

PROBLÈMES DE LONGUEURS

(5 POINTS) **1. LA MAIN DE PAPIER**

Une feuille de papier a une épaisseur de 0,135 mm. Quelle est, en centimètres, l'épaisseur d'une rame de 20 mains ? La main est de 25 feuilles pliées en deux.

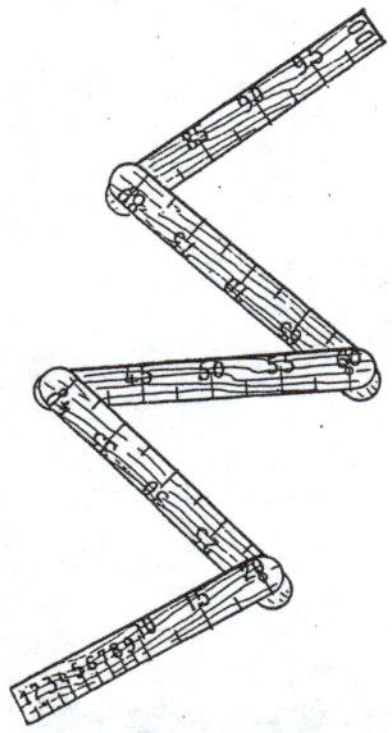

20 x 25 x 0,135 = 67,50 mm
x 2 = 13,5 cm

(5 POINTS) **2. LA CHAÎNE D'ARPENTEUR**

On mesure une allée avec une chaîne d'arpenteur de 10 m, et l'on trouve qu'elle a 500 m. Mais il manque à la chaîne un chaînon de 20 cm. Quelle est la vraie longueur de l'allée ?

500/10 = 50 x 0,20 = 10
500 - 10 = 490 m

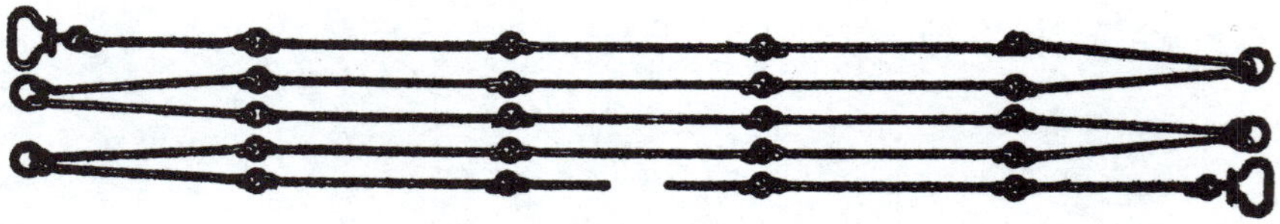

Fig. 58. — Chaîne d'arpenteur.

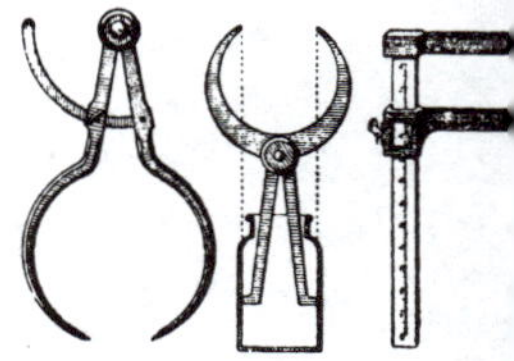

PROBLÈMES DE SURFACES

(5 POINTS) **3. LES CHIFFRES EN PEINTURE**

Combien payera-t-on, à raison de 4,25 f le mètre carré, pour la peinture d'une salle, sachant que la surface totale des quatre murs et du plafond est de 1,2708 dam² et qu'on doit retrancher 1,58 m² pour chacune des 10 ouvertures ?

1,2708 x 100 = 127,08
10 x 1,58 = 15,80
111,28 x 4,25 f   472,94

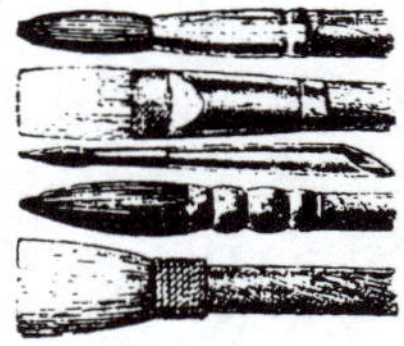

Pinceaux.

(10 POINTS) **4. CÔTÉ COUR, CÔTÉ JARDIN**

Sur un terrain, on construit une maison qui occupe les $\frac{2}{9}$ de la surface ; le $\frac{1}{4}$ de cette surface est réservé pour la cour et le reste est en jardin. Celui-ci a une contenance de 1 521,90 m². Quelle est la superficie occupée par la maison :

1) en mètres carrés ? 2) en décamètres carrés ?

$\frac{2}{9} + \frac{1}{4} = \frac{8}{36} + \frac{9}{36} = \frac{17}{36}$ → $\frac{1521,9}{19}$ x 36 = 2 883,60

6,408   2/9 = 640,80

(5 POINTS) **5. RÉQUISITIONS ET CONVERSIONS**

Le service de ravitaillement a réquisitionné le blé d'un champ de 250 dam². L'hectomètre carré produit en moyenne 28 hl de grain, chaque hectolitre a une masse de 75 kg et le quintal de blé coûte 150 f. On a laissé au propriétaire 100 dal pour ses besoins personnels. Que doit-on lui payer ?

250 dam² = 2,5 Ha x 28 = 70 hl − 10 = 60 hl
60 x 75 kg = 4 500
x 150 f   6 750 f

PROBLÈMES DE TEMPS

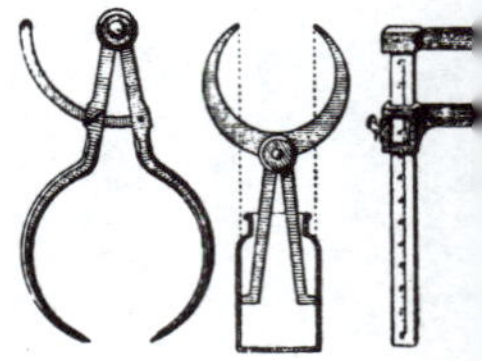

(5 POINTS) **1. LE JARDINIER PONCTUEL**

Un propriétaire a employé un jardinier à 2,25 f l'heure pendant une semaine. Le lundi et le mardi, le jardinier a travaillé de 7 h $\frac{1}{2}$ à 19 h, le mercredi et le jeudi, de 8 h à 19 h, le vendredi et le samedi, de 6 h $\frac{1}{2}$ à 17 h. Le travail était interrompu chaque jour pendant 1 h 1/2 pour le repas de midi. Faire le compte du jardinier.

$19^h - 7\frac{1}{2} - 1\frac{1}{2} = 10^h \times 2$ 20^h $57^h \times 2,25$ f

$19 - 8 - 1\frac{1}{2} = 9\frac{1}{2} \times 2$ 19^h

$17 - 6\frac{1}{2} - 1\frac{1}{2} = 9 \times 2$ 18 128^{25} fr

(5 POINTS) **2. L'HEURE TOURNE**

Une montre retarde de 3 minutes en 5 jours. On la met à l'heure à 11 h le dimanche. Quelle heure sera-t-il à la montre lorsque le mardi suivant, il sera de nouveau 11 h ?

Di Li Ma $\frac{3 \times 2}{5} = 1' 12''$

24 24 24

$10^h 58' 48''$

(5 POINTS) **3. COUPS DE POMPE**

Une pompe donne 1,80 l d'eau par coup de balancier et l'on donne 20 coups par minute. Combien mettra-t-on de temps pour remplir aux $\frac{2}{3}$ un bassin de 8,046 m^3 ?

PROBLÈMES DE VITESSE

(10 POINTS) **4. LA TRIPLETTE QUI DÉCOIFFE**

Trois cyclistes en triplette partis à 6 h $\frac{1}{2}$ sont arrivés à destination, à 9 h 55 min, après avoir parcouru 47,5 km et s'être arrêtés $\frac{1}{4}$ d'heure en route. Quelle a été leur vitesse moyenne par heure de marche ?

9h55 − 6h30 = 3h25
− 15
3h10

47,5 / 3h10
190'   0,25

15K/H

(5 POINTS) **5. L'EXPRESS... FAÇON 1923 !**

De Paris à Lyon, il y a 510 km. Au XVIe siècle, on mettait 135 h pour faire le trajet en fiacre. Aujourd'hui (en 1923 !), on met, en express, 8 h. Calculer la vitesse moyenne par heure avec chacun des modes de locomotion.

510/135 = 3,78K/H.

510/8 = 63,75K/H.

Fiacre

PROBLÈMES DE DISTANCES PARCOURUES, DE TEMPS DE MARCHE

(5 POINTS) **1. LES TRAINS SE CROISENT**

Deux trains de chemin de fer partent de deux stations éloignées de 663 km et vont l'un vers l'autre. Le premier fait 56 km par heure et l'autre 46 km. Ils sont partis en même temps, à 5 h. À quelle heure se rencontreront-ils ?

A 6 7 8 9 663 9 8 7 6 B

56 × 6½ = 364

5 + 6½ = 11 h 30

46 × 6½ = 299

(5 POINTS) **2. LE PAS DU PIÉTON**

Un piéton, parti à 8 h, a parcouru 16 km. La 1re moitié du trajet est parcourue à 6 km à l'heure, la 2e moitié à 5 km à l'heure. À quelle heure est-il arrivé à destination ?

8/6 = 1 h 20

8/5 = 1 h 36

8 h

2 h 56

10 h 56

PROBLÈMES DE DISTANCES PARCOURUES, DE TEMPS DE MARCHE

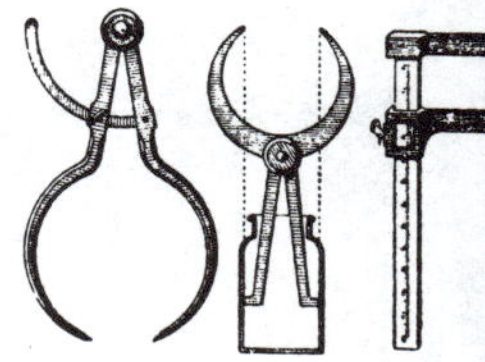

(10 POINTS) **3. LA PENTE EST RAIDE**

Pour se rendre dans une ville éloignée de sa résidence de 22 km, un cycliste roule à la vitesse de 15 km à l'heure. Mais il doit gravir deux côtes : l'une de 1 km, l'autre de 3 km, où il ne roule qu'à la vitesse de 4 km à l'heure. À quelle heure, au plus tard, devra-t-il partir s'il veut être arrivé à destination à 8 h ?

22 Km − 4 = 18 k / 15 = 1 h 12
4 / 4 = 1 h — 2 h 12
8 h − 2 h 12 = 5 h 48

(5 POINTS) **4. EN VOITURE !**

Une voiture part avec une vitesse de 11 km à l'heure. On envoie à sa poursuite un courrier qui fait 297 m par minute et qui la rejoint au bout de 2 h 27 min. Quelle était la différence des heures de départ ? À quelle heure est partie la voiture si le courrier est parti à 8 h 45 min ? 8 h 45 + 3 h 58

2 h 27' = 147 × 297 = 43,659 Km
43,659 / 11 = 3 h 58 — 3 h 58 Voit — 7 h 14
8 h 45 — 2 h 27

(5 POINTS) **5. À CHACUN SON ALLURE**

Une locomotive parcourt 1 km en une minute ; un cheval au trot 1 km en 5 minutes, un cycliste 1 km en 3 minutes. Combien faudra-t-il d'heures à la locomotive, au cheval et à l'homme pour parcourir 180 km, distance de Nantes à La Rochelle ? Loco 180/1 km = 180' — 3 h

Cheval 180/(60/5) — 15 h
Homme 180/(60/3) — 9 h

RÈGLE DE TROIS

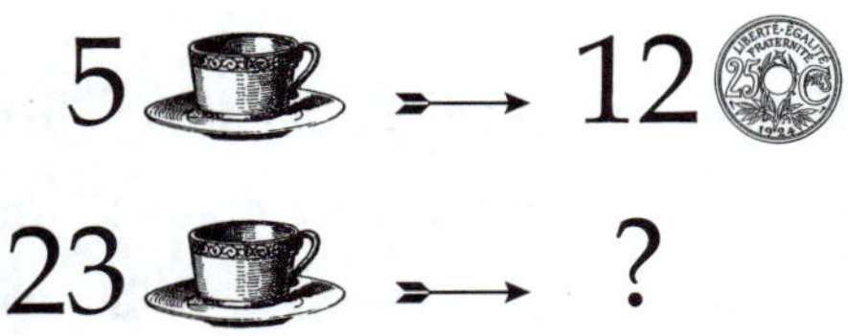

Un problème est une règle de trois quand il comporte trois grandeurs connues et qu'il y a deux sortes de grandeurs proportionnelles. La règle de trois est dite *simple* quand il n'y a que deux sortes de grandeurs différentes.

Exemple : *15 ouvriers ont creusé une tranchée en 12 jours. Combien 10 ouvriers, dans les mêmes conditions, auraient-ils mis de jours à creuser cette tranchée ?*

Méthode de réduction à l'unité :

15 ouvriers ont mis 12 jours.

1 ouvrier mettrait 15 fois plus de temps ou 12 j × 15.

10 ouvriers mettraient 10 fois moins de temps ou $\frac{12 \text{ j} \times 15}{10} = 18$ jours

Méthode des grandeurs proportionnelles :

15 ouvriers → 12 jours

10 ouvriers → x jours

Le temps nécessaire pour creuser la tranchée est inversement proportionnel au nombre d'ouvriers. On a : $\frac{x}{12} = \frac{15}{10}$

Le nombre de jours est les $\frac{15}{10}$ de 12, soit : $\frac{12 \times 15}{10} = 18$ jours

La règle de trois est dite *composée* quand elle comporte une grandeur qui est proportionnelle à plusieurs autres.

Exemple : *15 ouvriers ont creusé une tranchée de 50 m de long en 12 jours. Combien 10 ouvriers mettront-ils de temps pour creuser une tranchée de 60 m de long ?*

15 ouvriers → 50 m → 12 jours

10 ouvriers → 60 m → x jours

$$\frac{x}{12} = \frac{15}{10} \times \frac{60}{50} = \frac{15 \times 60}{10 \times 50}, \text{ d'où } x = \frac{15 \times 60 \times 12}{10 \times 50} = 21{,}6 \text{ jours}$$

RÈGLE DE TROIS – ENTRAÎNEMENT

(5 POINTS)

1. DE LA VACHE AU BEURRE

On suppose qu'une vache donne chaque jour 10 l de lait, que ce lait contient, en moyenne, 15 cl de crème par litre, et que 1 l de crème donne 0,350 kg de beurre. Quelle masse de beurre peuvent donner 8 vaches pendant une semaine ?

(5 POINTS)

2. DU BLÉ AU PAIN

Quelle quantité de blé est nécessaire pour une année à une famille de 5 personnes si chacune d'elles consomme 450 g de pain, en moyenne, par jour ? On sait que 100 kg de blé donnent 75 kg de farine et que 100 kg de farine donnent 120 kg de pain.

(5 POINTS)

3. LA RÉCOLTE DU SEL

Une tonne d'eau de mer abandonne par évaporation 32 kg de sel. On demande, en mètres cubes, la quantité d'eau qu'il faudra faire évaporer pour obtenir 500 kg de sel, sachant que le litre d'eau de mer pèse 1 025 g.

(5 POINTS)

4. COKE EN STOCK

Un stère de bois coûte 69 f. On sait que 19 st de bois coûtent autant que 133 hl de coke. Quel est le prix de 14 hl de coke ?

PROBLÈMES D'ÉCHANGES

(5 POINTS) **1. LA GRANDE CRETONNE**

Une fermière vend au marché 87 œufs à 9,60 f la douzaine et 4,5 kg de beurre. Avec la somme qu'elle retire de cette vente, elle achète de la cretonne à 6,10 f le mètre. Combien a-t-elle vendu le demi-kilogramme de beurre si elle reçoit 30 m de cotonnade ?

87 x 9,6 / 12 = 69,6 f   183 - 69,6 = 113,4

30 x 6,10 = 183 f   113,4 / 4,5 x 2 = 12,60 f

(5 POINTS) **2. CHEZ LE LIBRAIRE**

Un libraire avait acheté un certain nombre de livres coûtant chacun 7,50 f. Il les échange et l'éditeur lui donne à la place 6 livres à 8,40 f et 9 autres ouvrages à 4,40 f chacun. Combien avait-il acheté de livres la première fois ?

(6 x 8,40) + (9 x 4,40) = 90 / 7,50 = 12 livres

(5 POINTS) **3. DES ARES EN OR**

Une propriété est estimée 8,40 f le mètre carré ; on l'échange avec une autre qui mesure 4,8 ha et dont le mètre carré est estimé 5,60 f. Quelle est, en ares, la superficie de la première ?

48 000 x 5,60 / 8,40 = 32 000 / 100 = 320 ares

PROBLÈMES DE GAINS, DÉPENSES ET ÉCONOMIES

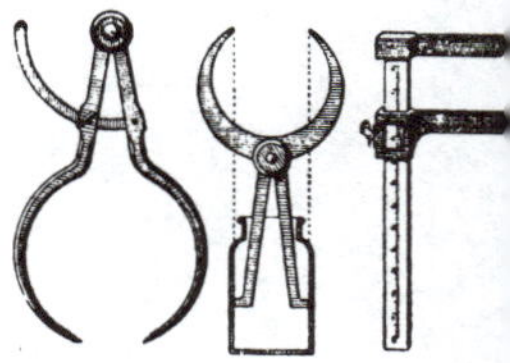

(5 POINTS) **4. LE BILAN DE L'OUVRIER**

Un ouvrier gagne 32,50 f par jour et travaille 24 jours par mois. Il dépense 600 f par an pour son habillement, 75 f par mois pour son loyer et il économise 1 290 f par an. Combien dépense-t-il par jour pour sa nourriture ?

(32,50 x 24) x 12 = 9 360 F/an
(75 x 12 + 600) + 1290 = - 2 790
6 570 / 365 j = 18 F/j

(10 POINTS) **5. LES ÉCONOMIES DU CHEMINOT**

Un cheminot, qui chôme les dimanches et pendant 10 jours de fête, gagne 25,50 f par jour. Il dépense 12 f pour sa nourriture journalière et 96 f par mois pour son entretien. Quelle somme aura-t-il économisée au bout de 10 ans ?

365 - (52 + 10) = 303 x 25,50 = 7.726,50
(365 x 12) + (36 x 12) = - 5.532
10 ans x 2.194,50
= 21.945 F

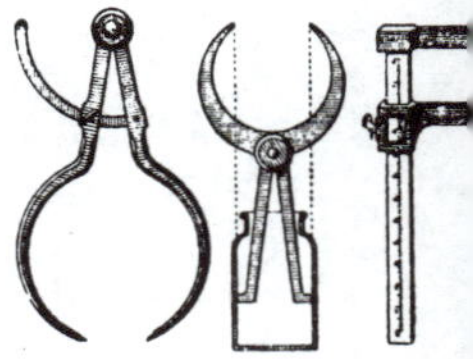

PROBLÈMES DE FRACTIONS

(5 POINTS) **1. LE VIGNERON SOIFFARD**

Un vigneron vend les 3/8 de sa récolte de vin et il en consomme $\frac{1}{4}$. S'il vendait ce qui lui reste à raison de 34 f le double décalitre, il en retirerait une somme de 3 315 f. Quel est le nombre d'hectolitres récoltés par le vigneron ?

$\frac{3}{8} + \frac{1}{4} = \frac{5}{8} = \frac{3}{8}$ Reste $\frac{3}{8} = 3.315$

$\frac{3.315 \times 8}{3} = \frac{8.840}{34} = 260$

$\frac{260 \times 20}{100} =$ 52 HL

(5 POINTS) **2. DEVINETTE ET DÉPENSES**

J'ai dépensé les $\frac{7}{8}$ de ce que je possédais, plus la $\frac{1}{2}$ du reste. J'ai encore 15 f. Quelle somme avais-je ?

$\frac{7}{8} = \frac{1}{8}$ $\frac{1}{16} = 15F$ $\frac{15 \times 16}{1} =$ 240 F

22 500

(5 POINTS) **3. LE CHEMIN INTERCOMMUNAL**

Les frais de construction d'un chemin sont payés entre trois communes : la première paye le $\frac{1}{3}$ de la longueur ; la deuxième, les $\frac{2}{5}$; la troisième, le reste, soit 2 400 m. Le kilomètre valant 7 500 f, quelle sera la part de chaque commune ? 2,4 × 7,500 = 18.000 F

$\frac{1}{3} + \frac{2}{5} + 2400m = X$ $\frac{18.000 \times 5}{4} = 22.500F$

$\frac{5}{15} + \frac{6}{15}$ Reste $\frac{4}{15}$ $\frac{18.000 \times 6}{4} = 27.000F$

PROBLÈMES DE POURCENTAGES

(5 POINTS) **4. L'ALIMENTATION DU CHEVAL**

Un cheval au repos est nourri de la manière suivante : 6 kg de foin de pré contenant 40 % d'éléments carbonés et 2,500 kg d'avoine contenant 45 % des mêmes éléments. On aurait pu le nourrir avec 6 kg de paille de blé hachée à 35 % d'éléments carbonés et 4 kg d'avoine de même richesse que celle qu'on lui donne. Les deux rations sont-elles également riches en éléments carbonés ?

6×40% + 2,5×45% = (240 + 1,12⁵) 352,5 %
6×35% + 4×45% = (210 + 180) 390 %
NON

(10 POINTS) **5. LES BONS COMPTES FONT LES BONS MOUTONS**

Un cultivateur refuse de vendre 250 moutons à 126 f l'un. En les gardant 3 mois de plus, il en a perdu 10 et il a dépensé 810 f pour nourrir son troupeau. Combien devra-t-il vendre chacun des moutons, qui lui restent pour gagner 6 % sur la somme qu'il aurait primitivement reçue ?

250×126 = 3.150F × 1,06% = X
X =

PROBLÈMES DE GÉOMÉTRIE

(6 POINTS) **1. CIRCONFÉRENCES ET VOCABULAIRE**

Retrouvez l'adjectif qui décrit les circonférences suivantes :

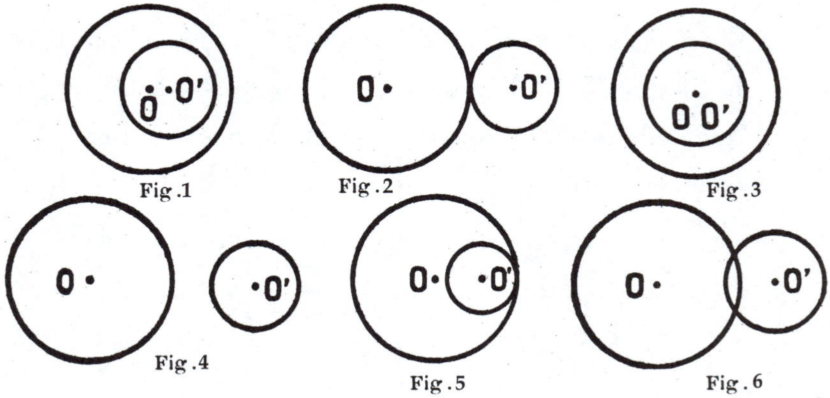

a) extérieures b) tangentes extérieurement c) tangentes intérieurement
d) sécantes e) intérieures f) concentriques

(9 POINTS) **2. LES ROUES DU CHARIOT**

Les grandes roues d'un chariot ont 0,75 m de rayon, les petites 0,45 m. Combien les petites roues feront-elles de tours de plus que les grandes dans un parcours de 19,8 km ($\pi = \frac{22}{7}$) ?

Chariot.

PROBLÈMES DE GÉOMÉTRIE

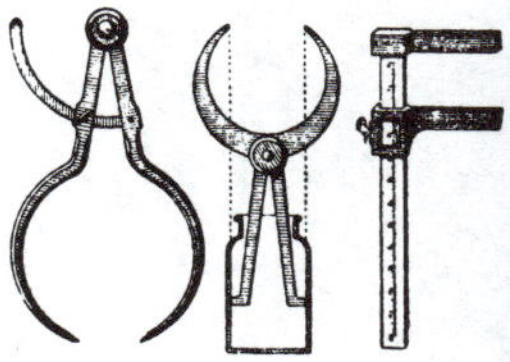

(5 POINTS) **3. TERRAIN POLYGONAL**

À raison de 45 f l'are, calculer la valeur du terrain représenté ci-dessous :

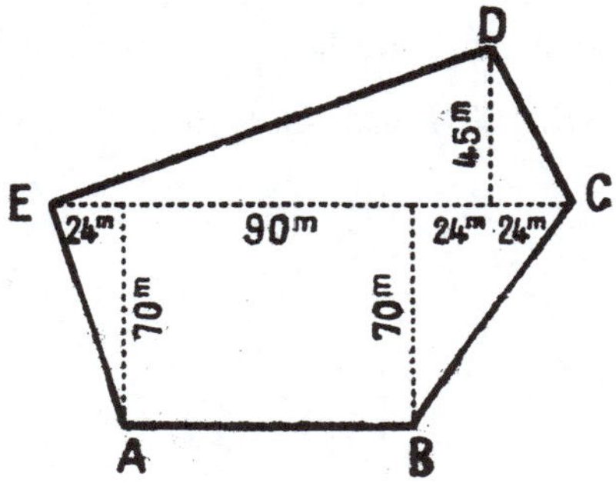

(5 POINTS) **4. DES ALLÉES AU CARRÉ**

Un jardin carré a 86 m de côté. On le partage en quatre carrés égaux par deux allées perpendiculaires ayant 1,80 m de large. Quelle est la surface cultivable de chaque carré ?

(5 POINTS) **5. CERCLE DE FLEURS**

Un parterre de fleurs a la forme d'un cercle de 4,50 m de diamètre. Il est entouré d'une allée de 1,75 m de large. Calculer la surface de l'allée.

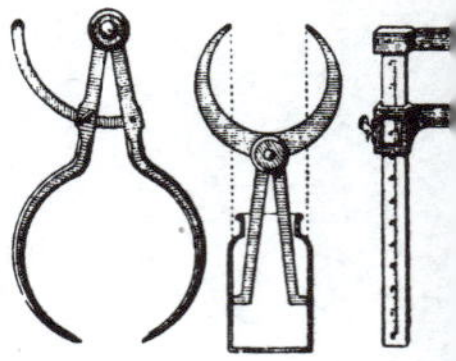

PROBLÈMES DE ROBINETS, DE DÉBITS D'EAU

(5 POINTS) **1. LA FONTAINE DÉBITE**

Une fontaine intermittente fournit en moyenne 80 l d'eau à la minute. Combien mettra-t-elle de temps pour remplir un bassin qui mesure 1,50 m de longueur sur 0,80 m de largeur et 0,75 m de profondeur ?

(5 POINTS) **2. LE ROBINET QUI FUIT**

Un robinet laisse échapper par seconde 2 gouttes d'eau de 6 mm^3 chacune. Combien de litres laissera-t-il échapper en 2 jours ?

Robinet.

(5 POINTS) **3. LA POMPE D'ÉPUISEMENT**

Une pompe d'épuisement a vidé les $\frac{3}{5}$ d'un bassin en 45 minutes, en débitant 20 hl à l'heure. Quelle est, en mètres cubes, la contenance de ce bassin ?

PROBLÈMES DE VITESSES, DE PULSATIONS

(5 POINTS)

4. L'ÉCLAIR ET LE TONNERRE

Un enfant, dont le pouls a 90 pulsations à la minute, en compte 30 entre le moment où il perçoit l'éclair et celui où il entend le tonnerre. Sachant que l'apparition de l'éclair, qui dépend de la vitesse de la lumière peut-être considérée comme instantanée et que le son parcourt 340 m par seconde, dire à quelle distance, en kilomètres, se trouve l'enfant du nuage orageux.

(10 POINTS)

5. L'OMNIBUS DIJON-PARIS

Un train omnibus partant de Dijon à 21 h 46 min arrive à Paris à 11 h 3 min. Il s'arrête à 36 gares et chaque arrêt est en moyenne de 2 min $\frac{1}{2}$.

On demande :

1) la distance de Paris à Dijon, sachant que le train en marche a une vitesse de 445 m à la minute ;

2) à quelle heure il arriverait à Paris avec cette vitesse s'il ne s'arrêtait pas.

Pour rafraîchir • votre mémoire •

LES FRACTIONS

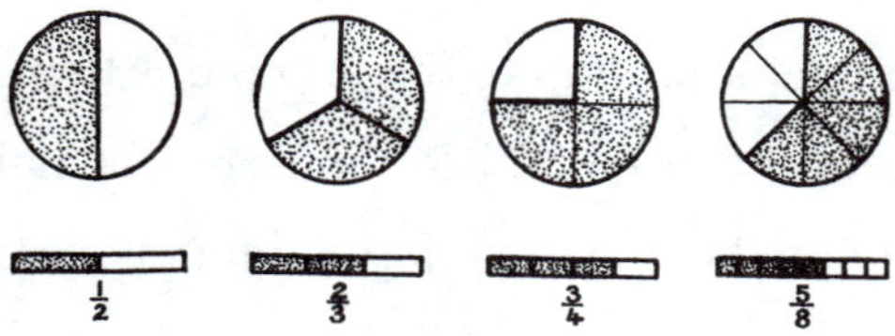

Additionner des fractions

Quand il y a un dénominateur commun, c'est simple : $\frac{3}{12} + \frac{4}{12} + \frac{2}{12} = \frac{9}{12}$

Pour additionner plusieurs fractions qui n'ont pas le même dénominateur, on commence par les réduire au même dénominateur, et l'on applique la règle précédente.

Par exemple : $\frac{2}{5} + \frac{1}{8} + \frac{5}{12} = \frac{2 \times 8 \times 12}{5 \times 8 \times 12} + \frac{1 \times 5 \times 12}{8 \times 5 \times 12} + \frac{5 \times 5 \times 8}{12 \times 5 \times 8} = \frac{192}{480} + \frac{60}{480} + \frac{200}{480} = \frac{192 + 60 + 200}{480} = \frac{452}{480}$

On procède de même pour la soustraction.

Multiplier des fractions

Pour multiplier une fraction par un nombre entier, on multiplie le numérateur.

Exemple : $\frac{3}{4} \times 2 = \frac{3 \times 2}{4} = \frac{6}{4}$

Pour multiplier une fraction par une autre fraction, on multiplie les numérateurs entre eux et les dénominateurs entre eux. Exemple : $\frac{2}{5} \times \frac{3}{4} = \frac{2 \times 3}{5 \times 4} = \frac{6}{20}$

Diviser des fractions

Pour diviser une fraction par un nombre, on multiplie le dénominateur.

Exemple : $\frac{3}{5} : 4 = \frac{3}{5 \times 4} = \frac{3}{20}$

Pour diviser une fraction par une fraction, on multiplie la fraction dividende par la fraction diviseur renversée. Exemple : $\frac{15}{22} : \frac{3}{4} = \frac{15}{22} \times \frac{4}{3} = \frac{15 \times 4}{22 \times 3} = \frac{60}{66}$

Prendre une fraction de fraction

Pour prendre une fraction d'une fraction, on fait le produit des deux fractions entre elles. Exemple : prendre les $\frac{2}{3}$ des $\frac{4}{5}$ de 30 000 f = $\frac{30\,000 \text{ f} \times 4 \times 2}{5 \times 3}$ = 16 000 f.

FRACTIONS – ENTRAÎNEMENT

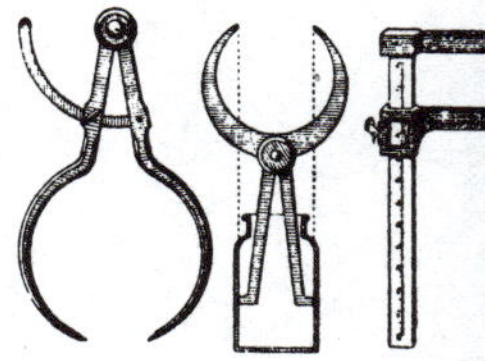

(5 POINTS) **1. PESEZ LE SAVON, …**

Une ménagère a acheté trois morceaux de savon pesant 1 kg $\frac{3}{4}$, 2 kg $\frac{5}{8}$ et 2 kg $\frac{7}{8}$. Quelle est la masse totale du savon ?

....

....

....

....

(5 POINTS) **2. … FRACTIONNEZ LE TERRAIN, …**

On partage un terrain en quatre lots. Le premier est les $\frac{4}{15}$ de la superficie totale, le second en est les $\frac{3}{20}$, le troisième, le $\frac{1}{3}$. Quelle est la fraction du terrain qui forme le quatrième lot ? Réduire cette fraction à sa plus simple expression.

....

....

....

....

(10 POINTS) **3. … ET SERREZ LA VIS !**

Une vis avance de $\frac{2}{9}$ de millimètre par tour. Combien devra-t-elle faire de tours pour avancer de 3 cm $\frac{1}{4}$?

....

....

....

....

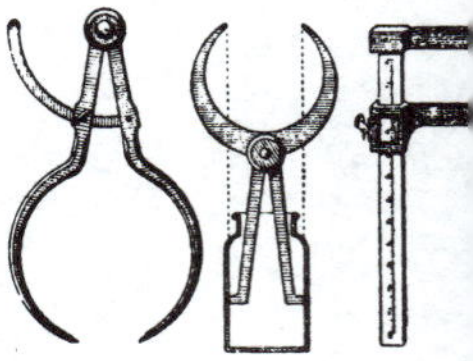

PROBLÈMES DE PARTAGES

(5 POINTS) **1. LA PAIRE DE POULETS**

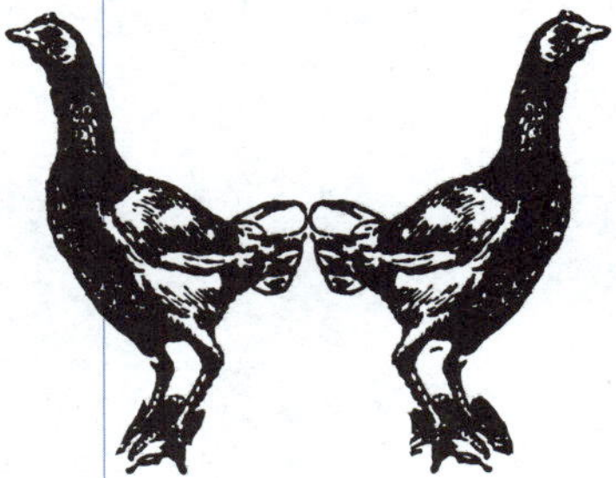

Deux ménagères achètent en commun une paire de poulets valant 35 f et 2 douzaines d'œufs valant 9 f la douzaine. Chacune paye la moitié de la dépense. Au partage, chacune prend un poulet et un certain nombre d'œufs. Calculer le nombre d'œufs que doit prendre chaque ménagère, sachant que les poulets pèsent l'un 800 g et l'autre 950 g.

....

....

....

(5 POINTS) **2. L'ÂGE TENDRE**

Deux enfants ont ensemble 19 ans. Dans un an, l'âge de l'un sera le double de l'âge de l'autre. Quels sont les âges de chacun d'eux ?

....

....

....

(7 POINTS) **3. PARTAGES EN CASCADE**

Partager 21 179 f entre 4 personnes de manière que la 1re ait 365 f de moins que la 2e, la deuxième 528 f de moins que la 3e et celle-ci 756 f de moins que la 4e.

....

....

....

PROBLÈMES DE MÉLANGES

(5 POINTS) **4. PLEIN COMME UN TONNEAU**

Dans un tonneau de 2 hl $\frac{1}{2}$, on verse 120 l de vin à 2,25 f. On achève de le remplir avec du vin valant 3 f le litre. À combien revient le litre du mélange ?

....

....

....

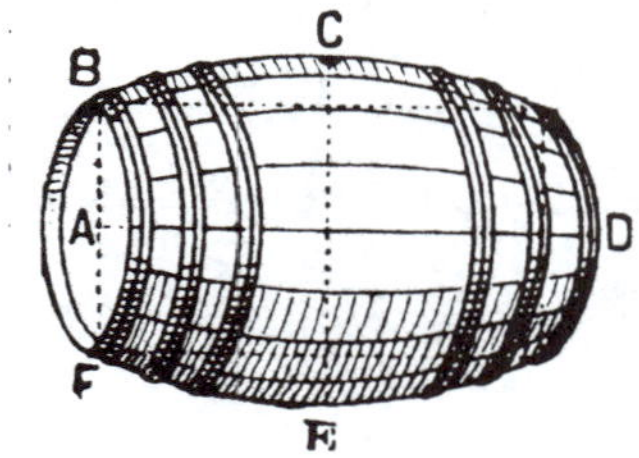

(8 POINTS) **5. CAFÉ MÉLANGÉ**

1) Dans quelle proportion faut-il mélanger du café à 18 f le kilo et du café à 13 f pour obtenir un mélange qui revienne à 15 f le kilo ?

2) Combien en prendra-t-on de chaque sorte pour avoir 120 kg de mélange ?

3) Si l'on a 50 kg de la 1re sorte, combien en prendra-t-on de la 2e ?

4) Si l'on prend 75 kg de la 2e sorte, quelle sera la masse totale du mélange ?

....

....

....

....

....

....

....

Torréfacteur.

PROBLÈMES DE VOLUMES

(5 POINTS) **1. LE RÉSERVOIR**

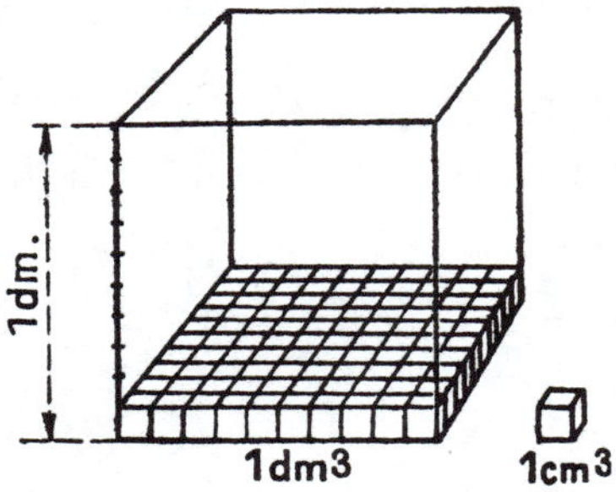

Un réservoir, plein d'eau, a 2,4 m de longueur, 1,5 m de largeur et 1,2 m de profondeur. On y emplit 3 fois par jour, pour l'arrosage, un tonneau d'une contenance de 225 l. Combien reste-t-il de litres d'eau dans ce réservoir au bout de 5 jours ?

....

....

....

(5 POINTS) **2. LE DÉLUGE**

Il est tombé, pendant un orage, une hauteur d'eau de 6 mm $\frac{1}{2}$. Quel est le nombre d'hectolitres d'eau tombée sur un territoire de 12 km^2 ?

....

....

....

....

....

....

....

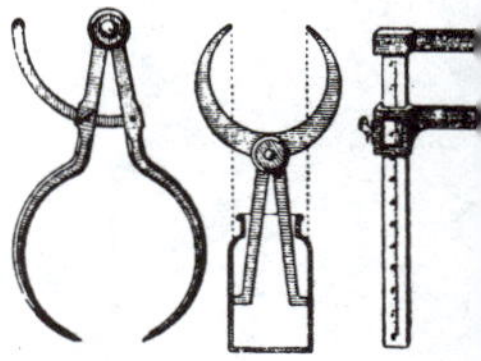

PROBLÈMES DE MASSES

(5 POINTS)

3. LA FACTURE DES COURSES

On donne 100 f à une domestique pour acheter 2,5 kg de pain à 2,20 f le kilo, 125 g de café à 16 f le kilo, 2,5 kg de sucre à 2,50 f le $\frac{1}{2}$ kilo, 1,2 kg de vermicelle à 2,75 f les 500 g. Quelle somme doit-elle rapporter ?

....

....

....

(5 POINTS)

4. TRANSPORT DE HOUILLE

La houille coûte 0,09 f de transport par tonne et par kilomètre et 4,95 f de chargement par tonne. Combien devra-t-on payer pour charger et pour transporter 8 650 kg de houille à 250 km ?

....

....

....

(10 POINTS)

5. LA PESÉE DU VEAU

Un cultivateur vend un veau à un boucher à raison de 3,60 f le demi-kilo, poids vif. Pour peser l'animal sur une bascule au $\frac{1}{10}$, on place sur le petit plateau les masses de 5 kg, 2 kg, 1 kg, 2 hg et 50 g, puis, sur le grand plateau, à côté du veau, la masse de 1 kg. Combien le cultivateur doit-il recevoir ?

....

....

....

....

....

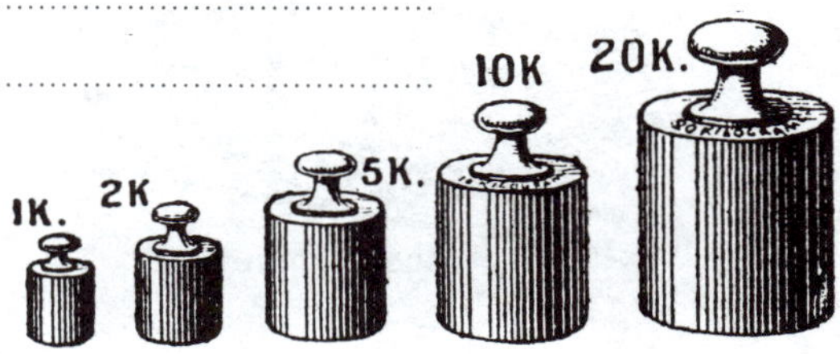

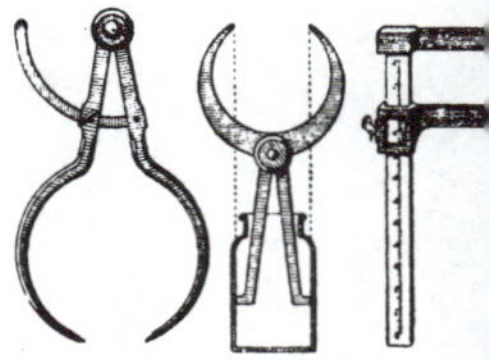

PROBLÈMES DE MACHINES, DE MOBILES

(5 POINTS) **1. À PLEINE VAPEUR**

Une machine à vapeur consomme par heure 2 quintaux $\frac{1}{2}$ de charbon ; on demande :

1) pendant combien de temps elle pourra marcher avec 12 tonnes ;

2) la dépense par heure au prix de 265 f la tonne.

(10 POINTS) **2. LA BONNE VITESSE**

Un train de marchandises parti de Paris à midi fait 30 km à l'heure. Quelle vitesse faut-il donner à un train partant de Lyon à 14 h pour qu'il croise le 1er à 18 h ? La distance de Paris à Lyon est de 512 km.

Wagon tombereau

PROBLÈMES DE MACHINES, DE MOBILES

(5 POINTS) **3. HEURE D'ARRIVÉE**

Vous prenez le train à 8 h 50 m pour faire un parcours de 397 km. Ce train fait 50 km en 40 min. À quelle heure serez-vous arrivé à destination ?

(5 POINTS) **4. LES FOUS DU VOLANT**

Une automobile de course parcourt $35\frac{1}{2}$ km à l'heure, un autre $40\frac{3}{5}$ km. Ils partent d'un même endroit pour une même direction, le 1er à 8 h, le second à 10 h. À quelle heure le second rejoindrait-il le premier s'il n'y avait en route aucun arrêt ?

(5 POINTS) **5. LE TOUR DE PISTE**

Deux cyclistes partent ensemble d'un même point A d'une piste circulaire, en sens opposé ; ils se rencontrent après 11 secondes en B. La vitesse des cyclistes étant respectivement 18 km et 36 km à l'heure, calculer la longueur de la piste.

PROBLÈMES DE CAPACITÉS

(5 POINTS) **1. MESURE FAUSSÉE**

Un marchand se sert d'un litre bossué qui ne contient plus que 97 cl pour mesurer 6 l de vin à un client (1). De quelle somme fait-il tort à ce dernier si le vin mesuré vaut 25 f le décalitre ?

(1) L'emploi des mesures inexactes est interdit dans le commerce.

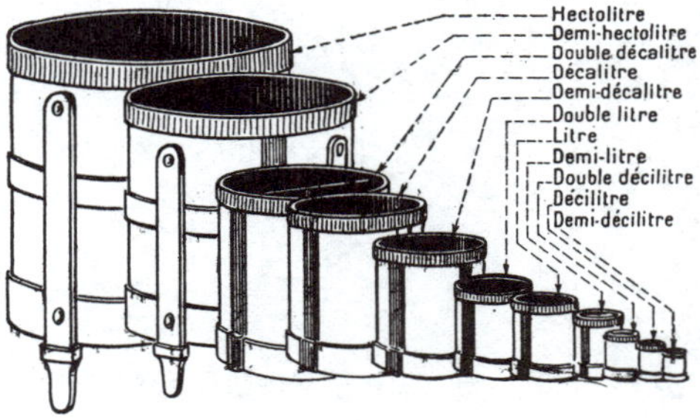

(5 POINTS) **2. LES GRAINES DE PAPA**

Un père de famille a acheté des graines à deux reprises différentes et au même prix ; d'abord pour 170 f, ensuite pour 238 f. Sachant que la seconde fois il a eu 8 dal de plus que la première, trouver combien il a acheté de doubles décalitres en tout.

PROBLÈMES
DE BOIS DE CHAUFFAGE

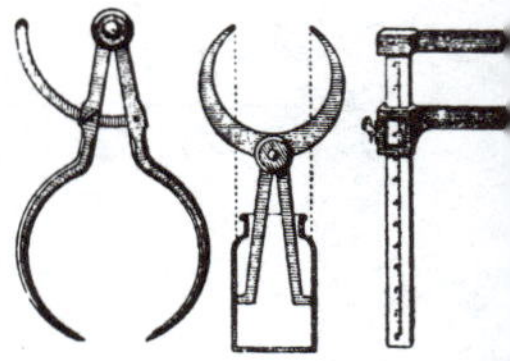

(5 POINTS) **3. DU BOIS PAR DÉCASTÈRES**

Un tas de bois mesure 1,55 m de large, 2 m de haut et 6 m de long. Une personne l'achète à raison de 380 f le décastère. Combien doit-elle payer ?

....

....

....

(5 POINTS) **4. LA PILE DE BÛCHES**

Une pile de bûches a 3,25 m de long, 2 m de haut. Les bûches ont 1,20 m de long. On veut la vendre 780 f. À combien estime-t-on le décastère ?

....

....

....

(10 POINTS) **5. CHEVAL DE BOIS**

Un cheval peut transporter 1 200 kg sur un chariot. Combien devra-t-il faire de voyages pour transporter 2 tas de bois ayant, l'un 9,60 m de long, l'autre 7,20 m, et tous deux 1,20 m de large et 1,80 m de haut. Le stère de ce bois pèse 650 kg.

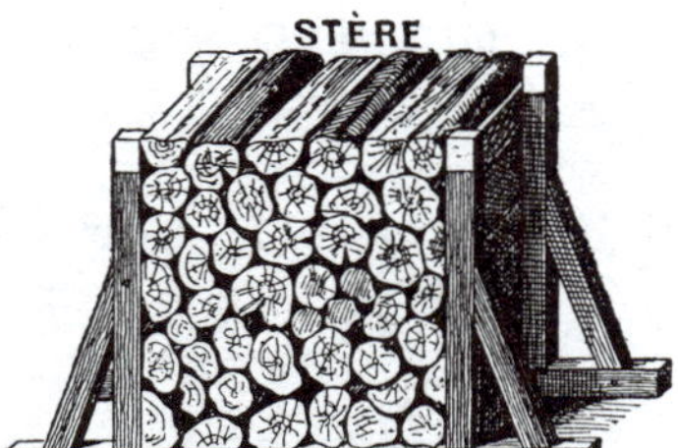

....

....

....

....

....

....

ESCOMPTE COMMERCIAL

Le 22 avril, Poitou, négociant à Orléans, achète à Bourdon, fabricant à Paris, pour 3 000 f de marchandises, payables au 30 juin. Bourdon adresse à Poitou une traite à l'ordre du Comptoir d'Escompte.

Négociation de la traite. Le 15 mai, Bourdon ayant besoin d'argent remet la traite au Comptoir d'Escompte pour en toucher le montant. On dit qu'il *négocie* la traite. Le Comptoir d'Escompte ne verse pas à Bourdon le montant intégral de l'effet. Il retient :

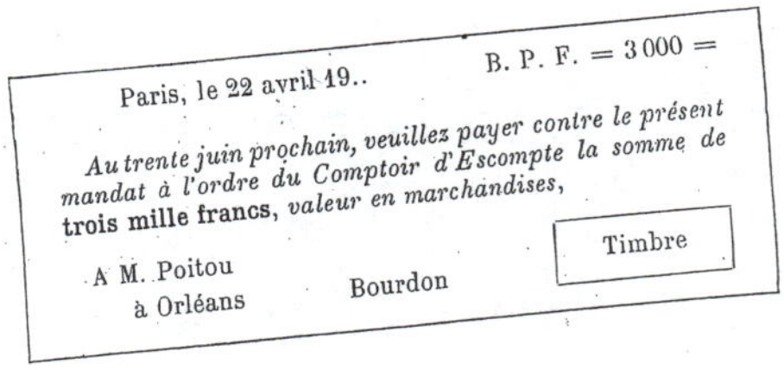
Paris, le 22 avril 19.. B. P. F. = 3 000 =

Au trente juin prochain, veuillez payer contre le présent mandat à l'ordre du Comptoir d'Escompte la somme de **trois mille francs**, *valeur en marchandises,*

A M. Poitou
à Orléans

Bourdon

Timbre

- **L'intérêt de 3 000 f du 15 mai au 30 juin, à un taux convenu, soit 6 % par exemple ;**
- **Une commission ou courtage. Nous n'en tiendrons pas compte ici, ni dans les problèmes qui suivront.**

Le montant nominal de la traite est le montant de la traite (ici, 3 000 f).

Le temps qui reste à courir est le nombre de jours compris entre la date de l'échéance et la date de présentation de l'effet de l'escompte (ici, 46 jours).

L'escompte est l'intérêt de la valeur nominale du billet pendant le temps qui reste à courir. Dans notre cas :

$$\frac{(3\,000 \times 6 \times 46)}{36\,000} = 23 \text{ f}$$

36 000 est une valeur fixe correspondant aux 360 jours d'une année comptable × 100 car il s'agit d'un taux.

La valeur actuelle de la traite est la différence entre la valeur nominale et l'escompte ; c'est la somme que verse le banquier qui escompte l'effet (ici, 2 977 f).

PROBLÈMES D'ESCOMPTE – ENTRAÎNEMENT

(5 POINTS) **1. LE COMMERÇANT TOUCHE**

Un commerçant présente à un banquier une traite de 675 f payable dans 80 jours. Combien le commerçant recevra-t-il si le taux de l'escompte est de $6\frac{1}{2}$ % ?

....

....

(5 POINTS) **2. LE MONTANT DU BILLET**

Un négociant fait escompter une traite payable à 90 jours. Le banquier lui remet 797,85 f. Quel était le montant du billet, le taux de l'escompte étant de 6 % ?

....

....

(5 POINTS) **3. LA BONNE ÉCHÉANCE**

Le 19 mai, un commerçant présente à l'escompte une traite de 840 f. Le banquier lui remet 836,85 f. Quelle est la date de l'échéance, le taux de l'escompte étant de 5 % ?

....

....

(5 POINTS) **4. FRACTION ET TAUX D'ESCOMPTE**

L'escompte d'un billet payable dans 2 mois est le $\frac{1}{100}$ de sa valeur nominale. Quel est le taux de l'escompte ?

....

....

PROBLÈMES DE DENSITÉ

(5 POINTS)

1. LÉGER COMME LE LIÈGE

À volume égal, le liège ne pèse que les $\frac{24}{100}$ de l'eau. Quelle est la masse d'un millier de bouchons de 6 cm^3 chacun ?

(5 POINTS)

2. MINI ICEBERG

Un bloc de glace, dans un étang, a 40 m de longueur, 13,6 m de largeur et 45 cm d'épaisseur. La différence entre sa masse et celle d'un même volume d'eau indique la charge qu'il peut porter sans être submergé. Exprimer cette charge en quintaux, sachant que 1 dm^3 de glace pèse 930 g.

(5 POINTS)

3. LE BROC DE LAIT

Un broc de lait pèse, vide, 270 dag. Plein de lait, il pèse 7,850 kg. Calculer la valeur de ce lait si sa densité est 1,03 et s'il se vend 1,20 f le litre.

Broc.

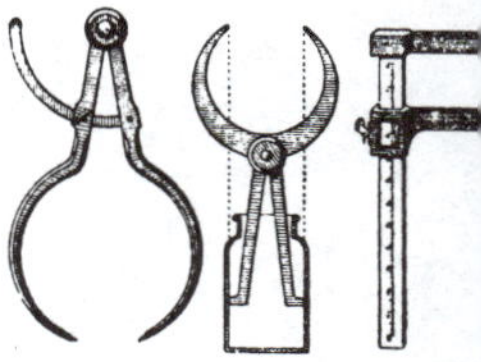

PROBLÈMES DE MASSE DE L'EAU

(5 POINTS) **4. ÇA PATAUGE**

Quelle est la masse de l'eau contenue dans une baignoire rectangulaire qui a 2 m de longueur, 1,25 m de largeur, 0,75 m de profondeur et qui est remplie aux $\frac{2}{3}$?

....

....

....

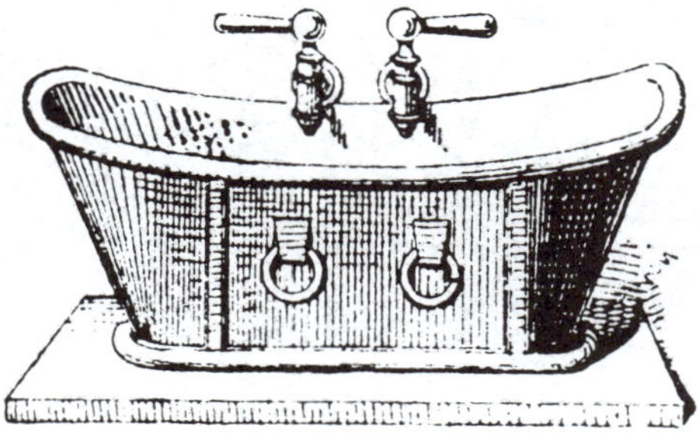

(10 POINTS) **5. DUO DE VASES**

Deux vases pleins d'eau pèsent ensemble 6,2 kg. Le premier contient 60 cl de plus que l'autre. Les deux vases vides pèsent ensemble 12 hg. Calculer la capacité de chacun.

....

....

....

....

....

....

....

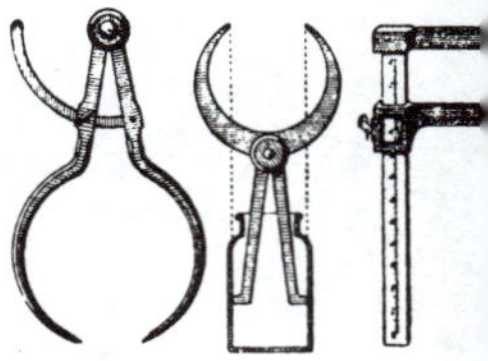

PROBLÈMES D'ÉCHELLES

(5 POINTS) 1. LA CARTE DE FRANCE

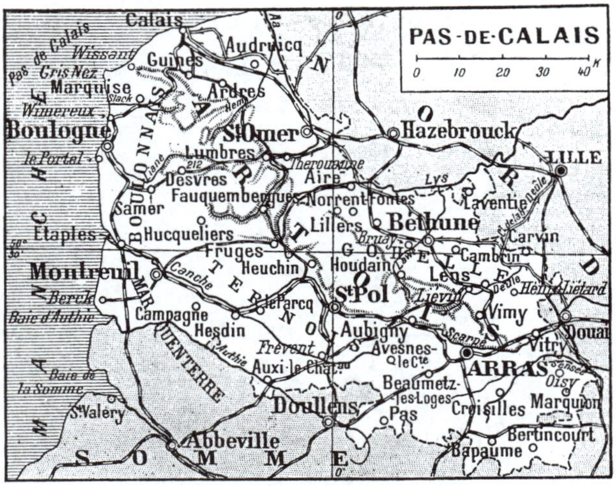

La France mesure 1 000 km du N. au S. et 900 km de l'O. à l'E. Par quelles longueurs ces dimensions seront-elles représentées sur une carte à l'échelle de $\frac{1}{8\ 000\ 000}$?

....

....

....

....

....

(10 POINTS) 2. LE TRAPÈZE RÉDUIT

Calculer à raison de 2 500 f l'hectare, la valeur d'un champ ayant la forme d'un trapèze dont les dimensions, sur un plan à l'échelle de $\frac{1}{5\ 000}$, sont les suivantes :

– grande base : 24 mm ;
– petite base : 1 cm $\frac{3}{4}$;
– hauteur : 8 mm.

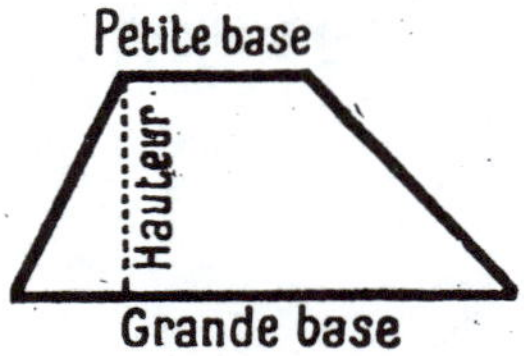

....

....

....

....

PROBLÈMES DE PLANTATIONS

(5 POINTS) **3. L'AVENUE DES TILLEULS**

Une avenue est plantée de tilleuls des deux côtés. La distance entre deux arbres consécutifs est de 12,25 m. La distance des arbres extrêmes est de 208,25 m. Quel est le nombre de tilleuls ?

(5 POINTS) **4. VILLAGES VERTS**

Deux villages sont distants de 13 km et réunis par une route sur les bords de laquelle on plante des arbres de 20 m en 20 m, sans en placer aux extrémités. Combien coûtera cette plantation si chaque pied coûte 3,25 f et si la main-d'œuvre revient à 2,75 f par pied ?

(5 POINTS) **5. LE CHEMIN DES DATTES**

Un voyageur a compté 750 pieds de dattiers d'un seul côté d'une route longue de 35,968 km et il n'était encore qu'aux $\frac{2}{3}$ de son chemin. À quelle distance ces arbres ont-ils été plantés l'un de l'autre, sachant qu'il y en a à chaque extrémité ? Combien y a-t-il d'arbres, sachant qu'ils sont également espacés des deux côtés ?

PROBLÈMES PAR L'ABSURDE

Ces problèmes sont à résoudre par fausse hypothèse.

(5 POINTS) **1. LA SOMME EN BILLETS**

Une somme de 1 650 f est formée de 20 billets, les uns de 100 f, les autres de 50 f. Combien y a-t-il de billets de chaque espèce ?

(5 POINTS) **2. QUEL CIRQUE !**

Dans un cirque, il y a eu 450 entrées, certaines personnes ont payé 12 f, les autres 9 f et la recette totale a été de 4 875 f. Combien y a-t-il eu de spectateurs de chaque catégorie ?

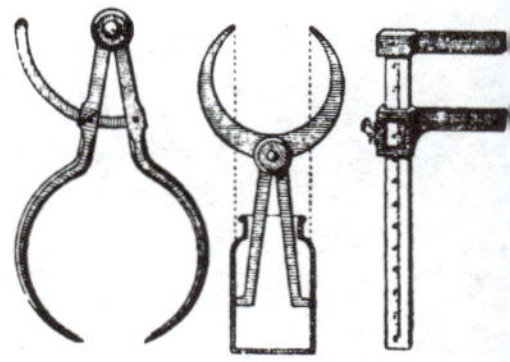

PROBLÈMES D'INTÉRÊTS

(5 POINTS) **3. MAISON À LOUER**

Une maison a été achetée 24 000 f. Les frais d'acquisition se sont élevés à 15 % du prix d'achat. Combien faut-il la louer à l'année pour que tout l'argent dépensé soit placé à 8 %, sachant que le propriétaire acquitte les impôts qui s'élèvent annuellement à 400 f et fait chaque année 150 f de réparations ?

....

....

....

(5 POINTS) **4. LE TAUX DU TERRAIN**

Un cultivateur a acquis un terrain pour 4 800 f. Il dépense en moyenne, chaque année, pour le cultiver 920 f. La valeur de la récolte atteint 1 400 f. À quel taux a-t-il placé son argent ?

....

....

....

(10 POINTS) **5. PLACEMENT IMMOBILIER**

Une maison achetée 45 000 f est louée à deux locataires. Le premier paye 60 f par mois ; le second 250 f par trimestre. Le propriétaire dépense par an 145 f pour les réparations et paye 180 f de contributions. À quel taux a-t-il placé son argent ?

....

....

....

PROBLÈMES VARIÉS

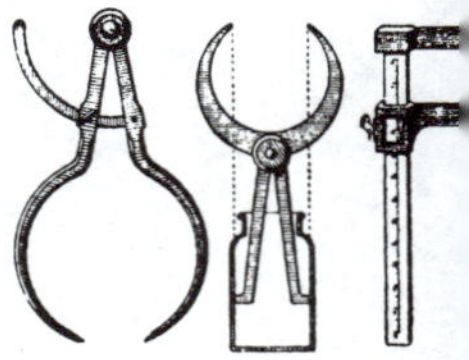

(5 POINTS) **1. LA BARRE DE FER**

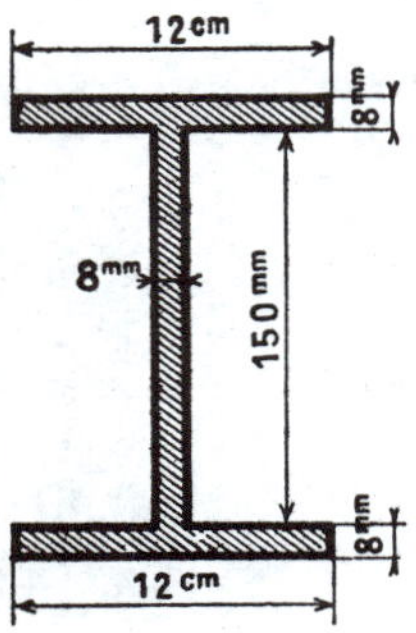

Une barre de fer de densité 7,8 mesure 2,50 m de longueur. Son profil est donné par le croquis ci-contre. Calculer le poids de cette barre.

(5 POINTS) **2. LA LIGNE DE MÉTRO**

Une ligne de métro a 27 stations, y compris les stations extrêmes. Un train met en moyenne 95 secondes pour parcourir l'intervalle entre deux stations consécutives et s'arrête 15 secondes à chaque station. Combien de temps un train met-il, en moyenne, pour parcourir toute la ligne ?

(5 POINTS) **3. LES BONS POINTS**

Un oncle promet à ses neveux de leur partager à la fin du mois une somme de 100 f proportionnellement au nombre de leurs bons points. Que revient-il à chacun si l'aîné a 40 bons points, le 2e 72, et le 3e 48 ?

PROBLÈMES VARIÉS

(5 POINTS) **4. TUYAU DE POÊLE**

Quelle surface de tôle faut-il pour fabriquer un tuyau de poêle de 1,90 m de longueur et de 16 cm de diamètre, sachant que les bords se recouvrent

dans le sens de la longueur de 12,5 mm ? Quel est le poids de ce tuyau, si la tôle a 0,8 mm d'épaisseur et si la densité de cette tôle est 7,5 ?

....

....

....

....

(10 POINTS) **5. UN CAVALIER QUI SURGIT...**

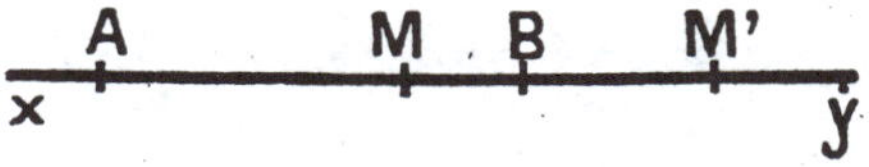

Sur une route *xy*, deux points A et B sont à une certaine distance l'un de l'autre. En A, se trouve un cavalier ; en B, deux piétons. Le cavalier part de A dans la direction AB ; en même temps les deux piétons partent de B dans des sens opposés. Le cavalier les rencontre, l'un en M, l'autre en M'. Sachant que les deux piétons ont la même vitesse, que le cavalier a une vitesse 3 fois plus grande et que la distance MM' est égale à 6 km, calculer la distance AB.

....

....

....

....

LES MOBILES

Vitesse = $\dfrac{\text{distance parcourue}}{\text{temps de marche}}$

Il faut veiller au choix des unités (heure, minute, seconde, mètre, kilomètre, etc.).

Mobiles allant à la rencontre l'un de l'autre

Deux cyclistes partent à 6 h, l'un de Paris, l'autre d'Orléans et vont à la rencontre l'un de l'autre. Le 1er fait 25 km à l'heure, le second 20 km. La distance totale entre Paris et Orléans étant de 120 km, à quelle heure se rencontreront-ils ?

Heure de la rencontre = heure du départ + durée du parcours

Durée du parcours = $\dfrac{\text{distance}}{\text{somme des vitesses}}$

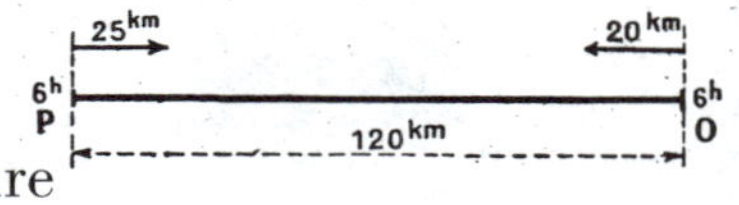

Somme des vitesses = 25 km + 20 km = 45 km à l'heure

Durée du parcours = $\dfrac{1\ \text{h} \times 120}{45}$ = 2 h 40 min.

Heure de la rencontre = 6 h + 2 h 40 min = 8 h 40 min.

Mobiles allant à la poursuite l'un de l'autre

Un cycliste part de Paris à 5 h allant à Orléans à une vitesse de 20 km à l'heure. Une automobile part à sa poursuite à 6 h $\frac{1}{2}$ à une vitesse de 40 km à l'heure. À quelle heure atteindra-t-elle le cycliste ?

Heure de la rencontre = heure du départ de l'automobile + nombre d'heures nécessaires à l'automobile pour atteindre le cycliste

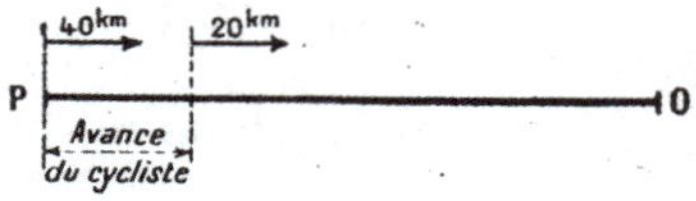

Temps nécessaire pour rattraper = $\dfrac{\text{avance du cycliste}}{\text{différence des vitesses}}$

Quand l'automobile part, le cycliste roule depuis 1 h $\frac{1}{2}$ et a déjà parcouru 20 km × $\frac{3}{2}$ = 30 km.

Différence des vitesses = 40 km – 20 km = 20 km à l'heure.

L'automobile atteindra le cycliste au bout de $\dfrac{1\ \text{h} \times 30}{20}$ = 1 h $\frac{1}{2}$.

Heure de la rencontre = 6 h $\frac{1}{2}$ + 1 h $\frac{1}{2}$ = 8 h.

PROBLÈMES DE MOBILES – ENTRAÎNEMENT

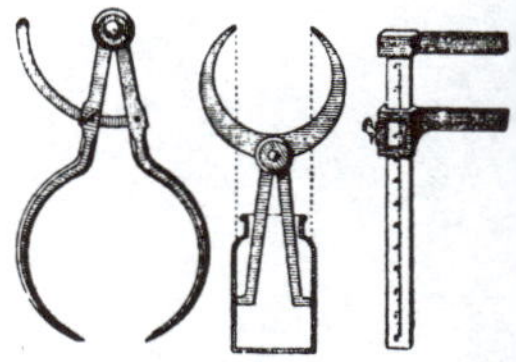

(5 POINTS) **1. LA VITESSE DU PIÉTON**

Un homme parcourt 6 km $\frac{3}{4}$ en 1 h $\frac{1}{2}$; quelle est sa vitesse à l'heure ?

(5 POINTS) **2. TRAIN DE NUIT**

Combien s'est-il écoulé de minutes de 22 h $\frac{1}{4}$ à 3 h moins 10 min de la même nuit ? Calculer la distance parcourue pendant ce temps par un train ayant une vitesse de 60 km à l'heure.

(5 POINTS) **3. RENDEZ-VOUS ENTRE PARIS ET LYON**

La distance entre Paris et Lyon est de 512 km. Un train part de Paris à 20 h avec une vitesse de 48 km par heure et un autre de Lyon à 21 h 45 min avec une vitesse de 32 km par heure. On demande à quelle heure et à quelle distance des points extrêmes, les trains se rencontreront.

(5 POINTS) **4. LA COURSE-POURSUITE**

Un bicycliste est parti depuis 1 h $\frac{1}{2}$ et parcourt 30 km à l'heure. Dans combien de temps une automobile qui fait 50 km à l'heure l'atteindra-t-elle ?

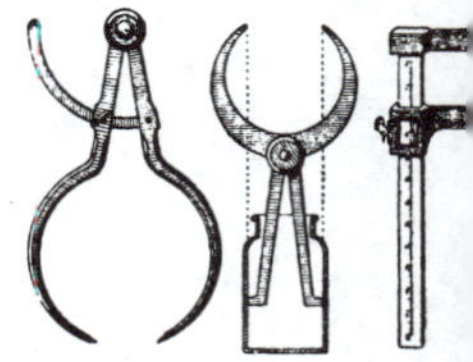

PROBLÈMES DE MESURES AGRAIRES

(10 POINTS) **1. VENTE PAR LOTS**

Un cultivateur achète une pièce de terre de 504 a pour 15 840 f. Il la revend en 3 lots d'égale superficie : le 1er à 30 f l'are, le 2e à 35 f l'are. Combien doit-il vendre le mètre carré du 3e lot pour réaliser sur le tout un bénéfice de 1 464 f ?

....

....

....

(5 POINTS) **2. COMPARER LES PRIX**

Un terrain de 1 ha 8 a vaut 8 000 f l'hectare ; un autre terrain qui contient 42 a de moins vaut en tout 2 700 f de moins. Quelle est la valeur d'un mètre carré de ce 2e terrain ?

....

....

....

(5 POINTS) **3. D'ARES, D'ARES**

Un propriétaire qui avait acheté un terrain à raison de 84,15 f les 11 centiares, l'a revendu 87,50 f les 7 mètres carrés. Il a gagné sur le tout 1 231,90 f. Quelle était, en ares, la surface de ce terrain ?

....

....

....

PROBLÈMES
DE PARTAGES RURAUX

(5 points) **4. LES MINOTIERS**

Un cultivateur vend sa récolte de blé à deux minotiers. L'un d'eux prend 15 hl de plus que l'autre et paye 1 485 f de plus. Sachant que le cultivateur a touché en tout 7 425 f, calculer quelle quantité de blé chaque minotier a achetée et pour quelle somme.

Scarificateur

....

....

....

....

(5 points) **5. LES CHASSEURS**

Trois chasseurs conviennent de partager également le gibier qu'ils auront tué. À la fin de la journée, ils ont une perdrix et un lièvre. Le premier prend la perdrix, le deuxième prend le lièvre et donne 3 f au premier et 12 f au troisième. De cette manière, les parts sont égales. À quels prix ont été estimés la perdrix et le lièvre ?

Perdrix.

....

....

....

....

PROBLÈMES DE GÉOMÉTRIE

(5 points) **1. CALCUL PHARAONIQUE**

La plus grande des pyramides d'Égypte a une hauteur de 147 m et un volume égal à 2 637 000 m^3. Sachant que sa base est un carré, calculer le périmètre de la base.

(5 points) **2. COCARDE TRICOLORE**

Une cocarde est obtenue en superposant 3 cercles concentriques ayant respectivement pour rayon : 35 mm, 50 mm, 65 mm. Quelles sont les surfaces des trois parties de la cocarde ?

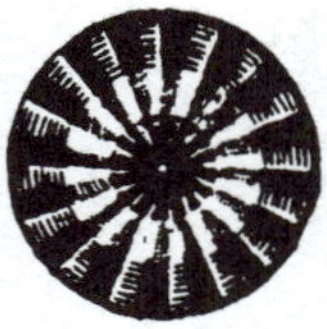

Cocarde.

(5 points) **3. LE VERRE À COCKTAIL**

Une coupe de forme conique a 0,15 m de profondeur et 5 cm de diamètre. Combien de coupes semblables pourrait-on remplir aux $\frac{3}{4}$ de leur contenance avec le cocktail d'une carafe de 65 cl ?

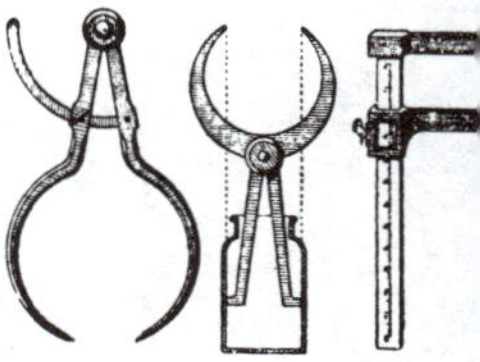

(5 POINTS) **4. DÎNER EN VILLE**

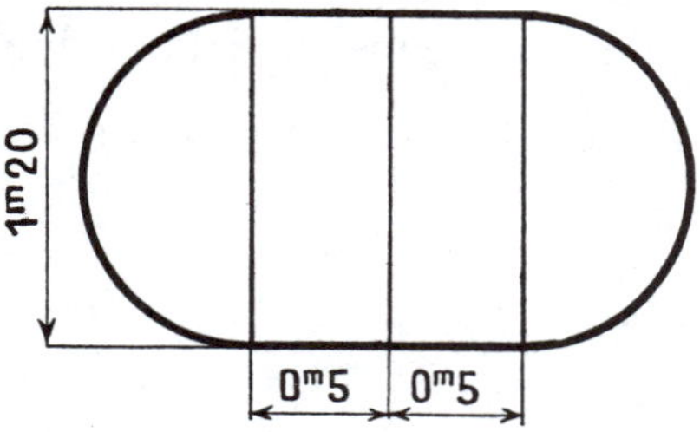

Une table circulaire de 1,20 m de diamètre peut s'ouvrir le long d'un diamètre. Entre les deux demi-cycles ainsi écartés perpendiculairement au diamètre qui était commun, on peut intercaler deux rallonges rectangulaires ayant chacune 1,20 m de longueur et 0,50 m de largeur. Dire combien de personnes au plus peuvent trouver place à cette table, sans rallonge et avec les deux rallonges, s'il l'on admet qu'il faut au moins par personne 0,70 m du pourtour.

....

....

....

(10 POINTS) **5. AU FOND DU TROU**

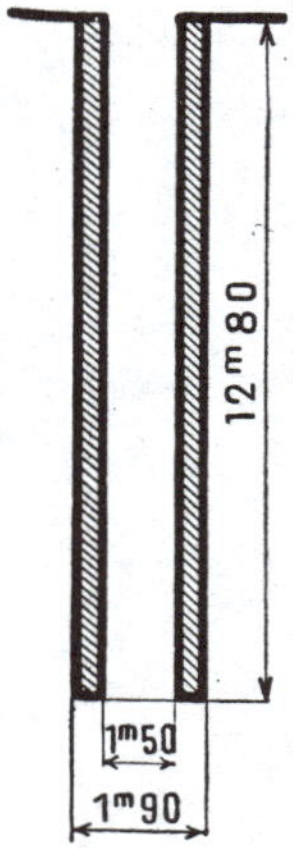

On creuse un puits de forme cylindrique dont la profondeur est 12,80 m et dont le diamètre est 1,90 m. On construit ensuite, à l'intérieur, une maçonnerie le long des parois verticales. Après cette construction, le puits cylindrique à 1,50 m de diamètre. Quel est le prix de revient du puits, sachant que l'on paie 240 f par mètre cube de terre à retirer et que le mètre cube de maçonnerie coûte 750 f ? On sait que la terre remuée foisonne de $\frac{1}{5}$ de son volume.

....

....

....

PROBLÈMES DE TEMPS

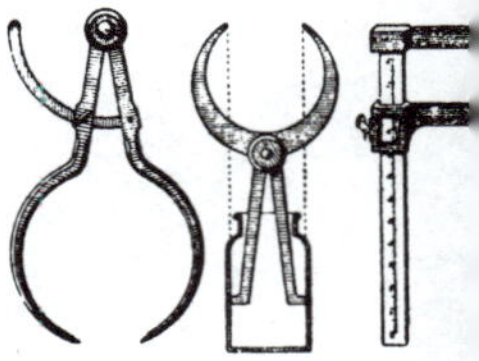

(5 POINTS) **1. PRÉVOIR LE CALENDRIER**

Une année qui n'est pas bissextile commence un jeudi. Quel jour de la semaine seront le 14 juillet, le 1er octobre, le 11 novembre de cette année et le 1er janvier de l'année suivante ?

....

....

....

(5 POINTS) **2. ÉCLAIRAGE PUBLIC**

Dans une rue, on allume pendant 4 h 15 min par jour 3 becs de gaz qui brûlent chacun 145 litres de gaz par heure. Quelle sera la dépense après 31 jours si le mètre cube de gaz revient à 2,50 f ?

....

....

....

(5 POINTS) **3. LE TEMPS QUI COULE**

Un robinet fournit 3,5 l d'eau par minute. On le laisse couler pendant 4 h 35 m. Combien faudra-t-il encore de litres pour remplir un bassin d'une contenance de 1 m^3 50 dm^3 et combien devra-t-on encore le laisser couler de temps pour le remplir ?

....

....

....

PROBLÈMES DE MÉRIDIENS, DE LATITUDE

(5 POINTS) **4. L'HEURE DE PARIS**

Paris est à 2° 20' 15'' à l'est du méridien de Greenwich.

Quel est l'écart entre l'heure locale de Paris et l'heure légale ?

(10 POINTS) **5. LATITUDE NORD**

Paris est à la latitude N. de 48° 51' ; la différence de latitude entre Dunkerque et Paris est de 2° 11'. Quelle est la latitude de Dunkerque ? Quelle est, en kilomètres, la distance entre ces deux villes, sachant qu'elles sont situées sur le même méridien ?

Rappel : le tour de la Terre fait 40 000 km.

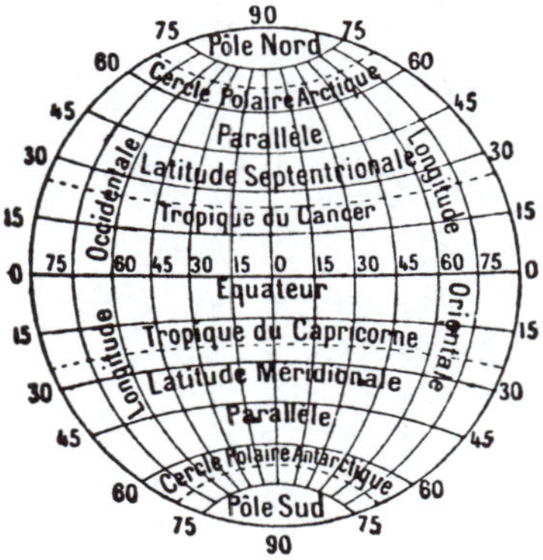

PROBLÈMES DE PLACEMENTS D'ARGENT

(5 POINTS) **1. LE GRAND CAPITAL**

Un capitaliste achète, au cours de 412 f, 6 obligations $5\ \frac{1}{2}$ % de la Ville de Paris, remboursables à 500 f et, au cours de 465 f, 4 obligations 4 % du Crédit Foncier, remboursables à 500 f. Que doit-il payer ? Quel est le taux auquel est placé son argent si l'impôt et les frais prélèvent $\frac{1}{5}$ des intérêts ?

(5 POINTS) **2. LA MUTUALITÉ SCOLAIRE**

Depuis 3 ans, un écolier fait partie de la mutualité scolaire. Il a versé régulièrement ses cotisations, 0,10 f par semaine, plus 0,25 f par an pour frais de gestion. Il a reçu une indemnité de maladie de 18 jours à raison de 0,50 f par jour. Il a été fait sur son livret 3 versements de 3 f pour sa retraite. Dire s'il a reçu plus qu'il n' a versé et combien ?

PROBLÈMES DE RENTES, DE SOCIÉTÉS

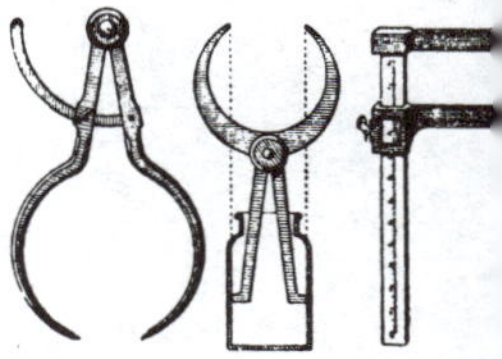

(5 POINTS) **3. CALCUL DE RENTIER**

Quelle somme faudrait-il débourser pour s'assurer un revenu de 550 f par trimestre en achetant de la rente 4 % au cours de 58,60 f ?

....

....

....

....

(5 POINTS) **4. START UP**

Deux associés ont fait une entreprise. L'un a mis 25 640 f, l'autre 22 400 f. Le premier a reçu 648 f de bénéfice de plus que le second. Quel est le gain de chacun ?

....

....

....

(10 POINTS) **5. LA FAILLITE**

Dans une faillite dont l'actif s'élève à 45 000 f, le passif à 60 000 f, un créancier a reçu pour sa part 9 600 f. Quel était le montant de sa créance ? Combien a-t-il reçu pour 100 f ?

Remarque : pour ce problème, il faut utiliser le « centime le franc », soit la part de l'actif qui revient à une créance d'un franc.

....

....

....

MESURES AGRAIRES

Pour évaluer la surface des terrains, on emploie des mesures spéciales, dites mesures agraires.

Les unités de mesures agraires

L'unité principale des mesures agraires est l'*are* (a) qui équivaut au décamètre carré.

L'are a un multiple, l'*hectare* (ha) qui vaut 100 ares et équivaut à 1 hm^2.

Il a un sous-multiple, le *centiare*, qui est la centième partie de l'are et qui équivaut à 1 m^2.

Numération des mesures agraires

Les unités de mesures agraires, comme les unités de mesures de surface, sont de 100 en 100 fois plus grandes ou plus petites. Par suite, on lit et on écrit les nombres qui expriment des mesures agraires comme on lit et on écrit des nombres exprimant des mesures de surface ; il faut deux chiffres pour représenter chaque unité.

Ainsi 4 ha 7 a 36 ca s'écrit, en prenant l'are pour unité : 407,36 a.

Le nombre 7 408,05 a peut se lire 74 ha 8 a 5 ca.

Correspondance avec les unités de surface

Le tableau suivant permet de convertir immédiatement un nombre exprimant des unités de surface en unités de mesures agraires, et inversement.

km^2	hm^2	dam^2	m^2	dm^2	cm^2	mm^2
	|	|	|			
	ha	a	ca			
	• •	• •	• •			

Exemple : 4 ha 36 a 7 ca équivalent à 4 hm^2 36 dam^2 7 m^2.

MESURES AGRAIRES – ENTRAÎNEMENT

(5 POINTS) **1. CONVERTIR EN ARES**

1) 72,5 ha 2) 428 ca 3) 3 450 m^2 4) 8 hm^2 5 dam^2 5) 4 km^2 9 hm^2

(5 POINTS) **2. CONVERTIR EN MÈTRES CARRÉS**

1) 72 a 5 ca 2) 24,7 ha 3) 128 ha 7 a 4) 3 ha 8 ca 5) 15 ha 9 a 5 ca

(5 POINTS) **3. HECTARES À VENDRE**

Une propriété se compose de 3 pièces de terre dont les surfaces sont 2 ha $\frac{1}{2}$, 25 400 ca et 8 745 m^2. On les vend 4 500 f l'hectare. Quel sera le produit de cette vente ?

(5 POINTS) **4. RECTANGLE CULTIVABLE**

Un champ rectangulaire a pour superficie 7 ha 5 a et 125 m de largeur. Quelle est sa longueur ?

SOLUTIONS

PROBLÈMES DE PRIX D'ACHAT, DE PRIX DE VENTE, DE BÉNÉFICES P. 4-5

MA NOTE : ... /5

1. Une bonne toile ***(comptez 3 points pour le raisonnement ; 2 points de plus si vous réalisez le calcul à la main)***
Prix du fil = 22,5 × 54 = 1 215 ; prix des journées = 16,25 f × 12 = 195 f ; prix de revient total = 1 215 f + 195 f = 1 410 f. Prix de vente cherché = 1 410 f /120 = 11,75 f.

MA NOTE : ... /5

2. Le prix du blé ***(comptez 3 points pour le raisonnement ; 2 points de plus si vous réalisez le calcul à la main)***
La récolte doit être vendue 922,50 f + 1 082 f = 2 004,50 f ; le blé doit être vendu 2 004,50 f – 230 f = 1 774,50 f ; l'hectolitre de blé doit être vendu 1 774,50 f/19,50 = 91 f.

MA NOTE : ... /5

3. Ventes de bétail ***(comptez 3 points pour le raisonnement ; 2 points de plus si vous réalisez le calcul à la main)***
Prix du veau = 3,60 f × 2 × 113 = 813,60 f ; prix du porc = (260 f / 50) × 158 = 821,60 f. Total des deux ventes = 813,60 f + 821,60 f = 1 635,20 f ; prix des brebis = 125 × 33 = 4 125 f. Il lui manque 4 125 f – 1 635,20 f = 2 489,80 f.

MA NOTE : ... /5

4. Les truites cuisinées ***(comptez 3 points pour le raisonnement ; 2 points de plus si vous réalisez le calcul à la main)***
Prix net des truites = 12,50 f × 0,275 × 12 = 41,25 f ; prix de revient des plats = 41,25 f + 9,75 f = 51 f ; prix de vente = 25,75 f × 4 = 103 f ; bénéfice = 103 f – 51 f = 52 f.

MA NOTE : ... /10

5. La culture du colza ***(comptez 5 points pour le raisonnement ; 5 points de plus si vous réalisez le calcul à la main)***
Frais de culture = 703,20 f × 4,05 = 2 847,96 f ; prix de location = 2,4 f × 40 500/75 = 1 296 f ; dépense totale = 2 847,96 f + 1 296 f = 4 143,96 f ; prix de la récolte = 101,6 f × 18 × 4,05 = 7 406,64 f ; Bénéfice = 7 406,64 f – 4 143,96 f = 3 262,68.

TOTAL : ... /30

PROBLÈMES DE LONGUEURS, DE SURFACES P. 6-7

MA NOTE : ... /5

1. La main de papier ***(comptez 3 points pour le raisonnement ; 2 points de plus si vous réalisez le calcul à la main)***
Nombre de feuilles = 25 × 2 × 20 = 1 000 feuilles ; épaisseur d'une rame = 0,135 mm × 1 000 = 13,5 cm.

MA NOTE : ... /5

2. La chaîne d'arpenteur ***(comptez 3 points pour le raisonnement ; 2 points de plus si vous réalisez le calcul à la main)***
La chaîne a été portée 500/10 = 50 fois ; longueur exacte de la chaîne = 10 m – 0,20 m = 9,80 m ; longueur exacte de l'allée = 9,80 m × 50 = 490 m.

MA NOTE : ... /5

3. Les chiffres en peinture ***(comptez 3 points pour le raisonnement ; 2 points de plus si vous réalisez le calcul à la main)***
Nombre de mètres carrés = 127,08 m^2 – 1,58 m^2 × 10 = 111,28 m^2 ; somme à payer = 4,25 f × 111,28 = 472,94 f, soit 472,95 f.

MA NOTE : ... /10

4. Côté cour, côté jardin ***(réponse 1 : comptez 5 points pour le raisonnement ; 4 points de plus si vous réalisez le calcul à la main ; réponse 2 : 1 point)***
2/9 + 1/4 = (8 + 9)/36 = 17/36 ; le jardin occupe 19/36 de la surface et sa contenance est 1 521,90 m^2 ; surface totale = (1 521,90 × 36)/19 = 2 883,60 m^2 ; surface de la maison = (2 883,6 × 2)/9 = 640,80 m^2 (1), ou 6,4080 dam^2 (2).

MA NOTE : ... /5

5. Réquisitions et conversions ***(comptez 3 points pour le raisonnement ; 2 points de plus si vous réalisez le calcul à la main)***
Volume du blé = 28 hl × 2,5 = 70 hl ; volume réquisitionné = 70 hl – 10 hl = 60 hl ; masse du blé = 75 kg × 60 = 4 500 kg ; somme due = 150 f × 45 = 6 750 f.

TOTAL : ... /30

PROBLÈMES DE TEMPS, DE VITESSES P. 8-9

MA NOTE : ... /5

1. Le jardinier ponctuel ***(comptez 3 points pour le raisonnement ; 2 points de plus si vous réalisez le calcul à la main)***
Le lundi et le mardi, le jardinier a travaillé 11 h 1/2 × 2 – 3 h = 20 h ; le mercredi et le jeudi, le jardinier a travaillé 11 h × 2 – 3 h = 19 h ; le vendredi et le samedi, le jardinier a travaillé 10 h 1/2 × 2 – 3 h = 18 h ; nombre total des heures de travail = 20 + 19 + 18 = 57 h ; salaire du jardinier = 2,25 f × 57 = 128,25 f.

MA NOTE : ... /5

2. L'heure tourne ***(comptez 3 points pour le raisonnement ; 2 points de plus si vous réalisez le calcul à la main)***
Du dimanche à 11 h au mardi à 11 h, il s'écoule 2 jours ; la montre retardera de (3 min × 2)/5 = 1 min 12 s. Elle marquera 11 h – 1 min 12 s = 10 h 58 min 48 s.

MA NOTE : … /5

3. Coups de pompe *(comptez 3 points pour le raisonnement ; 2 points de plus si vous réalisez le calcul à la main)*
Quantité d'eau donnée par minute = 1,8 l × 20 = 36 l ; les 2/3 du bassin = (8,046 m³ × 2)/3 = 5,364 m³ ou 5 364 l ; temps = 1 min × 5 364/36 = 149 min ou 2 h 29 min.

MA NOTE : … /10

4. La triplette qui décoiffe *(comptez 5 points pour le raisonnement ; 5 points de plus si vous réalisez le calcul à la main)*
Durée de la marche = 9 h 55 min – 6 h 30 min – 15 min = 3 h 10 min ou 3 h 1/6 ; vitesse = 47,5/(3 h 1/6) = 15 km/h.

MA NOTE : … /5

5. L'express… façon 1923 ! *(comptez 3 points pour le raisonnement ; 2 points de plus si vous réalisez le calcul à la main)*
Vitesse au XVIe siècle = 510 km/135 = 3,777 km/h, par défaut ; vitesse de l'express = 510 km/8 = 63,750 km/h.

TOTAL : … /30

PROBLÈMES DE DISTANCES PARCOURUES, DE TEMPS DE MARCHE P. 10-11

MA NOTE : … /5

1. Les trains se croisent *(comptez 3 points pour le raisonnement ; 2 points de plus si vous réalisez le calcul à la main)*
Durée du parcours = 663/(56 + 46) = 6 h 1/2 ; heure de la rencontre = 5 h + 6 h 1/2 = 11 h 1/2.

MA NOTE : … /5

2. Le pas du piéton *(comptez 3 points pour le raisonnement ; 2 points de plus si vous réalisez le calcul à la main)*
Durée du trajet = 8/6 + 8/5 = 88/30 d'heure ou 2 h 56 min ; il est arrivé à 8 h + 2 h 56 min = 10 h 56 min.

MA NOTE : … /10

3. La pente est raide *(comptez 5 points pour le raisonnement ; 5 points de plus si vous réalisez le calcul à la main)*
Longueur des deux côtes = 4 km ; temps pour les parcourir = 1 h ; il reste à parcourir 18 km ; temps nécessaire = 18/15 = 1 h 12 min ; durée totale du parcours 2 h 12 min ; heure de départ = 8 h – 2 h 12 min = 5 h 48 min.

MA NOTE : … /5

4. En voiture ! *(comptez 3 points pour le raisonnement ; 2 points de plus si vous réalisez le calcul à la main)*
Avance de la voiture = 297 m × 147 = 43 659 m ou 43,659 km ; différence des heures de départ = 43,659/11 = 3 h 58 min 8 s 2/5 ; heure de départ de la voiture = 8 h 45 min – 3 h 58 min 8 s 2/5 = 4 h 46 min 51 s 2/5.

MA NOTE : … /5

5. À chacun son allure *(comptez 3 points pour le raisonnement ; 2 points de plus si vous réalisez le calcul à la main)*
Temps pour la locomotive = 180 min ou 3 h ; le cheval va 5 fois moins vite, il mettra 5 fois plus de temps, soit 15 h ; le cycliste va 3 fois moins vite que la locomotive, il mettra 3 h × 3 = 9 h.

TOTAL : … /30

RÈGLE DE TROIS – ENTRAÎNEMENT P.13

MA NOTE : … /5

1. De la vache au beurre *(comptez 3 points pour le raisonnement ; 2 points de plus si vous réalisez le calcul à la main)*
Volume de crème par jour pour une vache = 0,15 l × 10 = 1,5 l ; masse de beurre pour une vache = 0,350 kg × 1,5 = 0,525 kg ; masse de beurre par semaine, pour 8 vaches = 0,525 kg × 7 × 8 = 29,4 kg.

MA NOTE : … /5

2. Du blé au pain *(comptez 3 points pour le raisonnement ; 2 points de plus si vous réalisez le calcul à la main)*
Masse de pain consommée annuellement = 0,450 kg × 5 × 365 = 821,250 kg ; pour 120 kg de pain, il faut 100 kg de farine. Pour 821,250 kg de pain, il faut *x* kg de farine. Les masses de farine et de pain sont proportionnelles, donc *x* = 100 × 821,250/120 = 684,375 kg ; pour 75 kg de farine, il faut 100 kg de blé. pour 684,375 kg de farine, il faut *x* kg de blé. Les masses de blé et de farine sont proportionnelles, donc *x* = 100 × 684,375/75 = 912,5 kg.

MA NOTE : … /5

3. La récolte du sel *(comptez 3 points pour le raisonnement ; 2 points de plus si vous réalisez le calcul à la main)*
Pour 32 kg de sel, il faut 1 000 kg d'eau de mer. Pour 500 kg de sel, il faut *x* kg d'eau de mer. Les masses d'eau et de sel sont directement proportionnelles. Donc *x* = 1 000 × 500/32 = 15 625 kg ; volume de l'eau de mer = 15 625/1,025 = 15 243,902 l, soit 15,243 m³ par défaut.

MA NOTE : … /5

4. Coke en stock *(comptez 3 points pour le raisonnement ; 2 points de plus si vous réalisez le calcul à la main)*
133 hl de coke coûtent autant que 19 st de bois. 14 hl de coke coûtent autant que x s de bois. Les deux grandeurs étant directement proportionnelles, *x* = 19 st × 14/133 = 2 st ; 14 hl de coke coûtent 69 f × 2 = 138 f.

TOTAL : … /30

PROBLÈMES D'ÉCHANGES, DE GAINS, DÉPENSES ET ÉCONOMIES P. 14-15

MA NOTE : … /5

1. La grande cretonne *(comptez 3 points pour le raisonnement ; 2 points de plus si vous réalisez le calcul à la main)*
Prix de la cretonne = 6,10 f × 30 = 183 f ; prix total du beurre = 183 f – 9,60 f/12 × 87 = 113,40 f ; prix du demi-kilogramme de beurre = 113,40/(4,5 × 2) = 12,60 f.

MA NOTE : ... /5

2. Chez le libraire ***(comptez 3 points pour le raisonnement ; 2 points de plus si vous réalisez le calcul à la main)***

Valeur reçue en échange = 8,4 f × 6 + 4,4 f × 9 = 90 f ; nombre de livres achetés = 90/7,5 = 12.

MA NOTE : ... /5

3. Des ares en or ***(comptez 3 points pour le raisonnement ; 2 points de plus si vous réalisez le calcul à la main)***

Prix de la seconde propriété = 5,6 f × 48 000 = 268 800 f ; superficie de la première propriété = 268 800/8,4 = 32 000 m^2 ou 320 ares.

MA NOTE : ... /5

4. Le bilan de l'ouvrier ***(comptez 3 points pour le raisonnement ; 2 points de plus si vous réalisez le calcul à la main)***

Gain annuel = 32,50 f × 24 x 12 = 9 360 f ; dépense annuelle pour la nourriture = 9 360 f – 600 f – (75 f × 12) – 1 290 f = 6 570 f ; dépense journalière pour la nourriture = 6 570 f/365 = 18 f.

MA NOTE : ... /10

5. Les économies du cheminot ***(comptez 5 points pour le raisonnement ; 5 points de plus si vous réalisez le calcul à la main)***

Jours de chômage = 52 + 10 = 62 ; jours de travail = 365 – 62 = 303 ; gain annuel = 25,50 f × 303 = 7 726,50 f ; dépenses annuelles = (12 f × 365) + (96 f × 12) = 5 532 f ; économie annuelle = 7 726,50 f – 5 532 f = 2 194,50 f ; économie au bout de 10 ans = 2 194,50 f × 10 = 21 945 f.

TOTAL : ... /30

PROBLÈMES DE FRACTIONS, DE POURCENTAGES P. 16-17

MA NOTE : ... /5

1. Le vigneron soiffard ***(comptez 3 points pour le raisonnement ; 2 points de plus si vous réalisez le calcul à la main)***

Le vigneron vend et consomme 3/8 + 1/4 = (3 + 2)/8 = 5/8 de sa récolte ; il lui en reste les 3/8. S'il vendait ce reste à raison de 34/20 = 1,70 f le litre, il en retirerait 3 315 f ; nombre de litres qui restent = 3 315/1,7 = 1 950 l ou 19,50 hl. 19,50 hl représentent les 3/8 de la récolte ; nombre d'hectolitres récoltés = (19,5 × 8)/3 = 52 hl.

MA NOTE : ... /5

2. Devinette et dépenses ***(comptez 3 points pour le raisonnement ; 2 points de plus si vous réalisez le calcul à la main)***

J'ai dépensé 7/8 +(1 × 1)/(8 × 2) = 7/8 + 1/16 = 15/16 de ce que j'avais ; 15 f représentent le 1/16 de ce que je possédais ; j'avais 15 f × 16 = 240 f.

MA NOTE : ... /5

3. Le chemin intercommunal ***(comptez 3 points pour le raisonnement ; 2 points de plus si vous réalisez le calcul à la main)***

Les deux premières communes payent 1/3 + 2/5 = (5 + 6)/15 = 11/15 de la dépense ; la troisième paye les 4/15 ; les 4/15 du chemin ont pour longueur 2 400 m ; longueur totale du chemin = (2 400 × 15)/4 = 9 000 m ; la première commune payera pour 9 000/3 = 3 000 m, soit 7 500 f × 3 = 22 500 f ; la seconde payera pour (9 000 × 2)/5 = 3 600 m, soit 7 500 f × 3,6 =27 000 f ; la troisième payera pour 7 500 f × 2,4 = 18 000 f.

MA NOTE : ... /5

4. L'alimentation du cheval ***(comptez 3 points pour le raisonnement ; 2 points de plus si vous réalisez le calcul à la main)***

Masse d'éléments carbonés dans le premier cas : (6 × 40/100) + (2,5 × 45/100) = 3,525 kg ; dans le second cas, on a : (6 × 35/100) + (4 × 45/100) = 3,9 kg ; la seconde ration est plus riche en éléments carbonés que la première.

MA NOTE : ... /10

5. Les bons comptes font les bons moutons ***(comptez 5 points pour le raisonnement ; 5 points de plus si vous réalisez le calcul à la main)***

Prix de vente offert = 126 f × 250 = 31 500 f ; il devra vendre ses moutons 810 f + (31 500 × 106)/100 = 34 200 f ; prix de vente d'un mouton = 34 200/240 = 142,50 f.

TOTAL : ... /30

PROBLÈMES DE GÉOMÉTRIE P. 18-19

MA NOTE : ... /6

1. Circonférences et vocabulaire ***(comptez 1 point par bonne réponse)***

Fig. 1 : e) intérieures ; Fig. 2 : b) tangentes extérieurement ; Fig. 3 : f) concentriques ; Fig. 4 : a) extérieures ; Fig. 5 : c) tangentes intérieurement ; Fig. 6 : d) sécantes.

MA NOTE : ... /9

2. Les roues du chariot ***(comptez 5 points pour le raisonnement ; 4 points de plus si vous réalisez le calcul à la main)***

Circonférence des grandes roues = 0,75 m × 2 x 22/7 ; nombre de tours pour celles-ci : (19 800 × 7)/(0,75 × 2 × 22) = (1 800 × 7)/3 = 4 200 ; circonférences des petites roues = 0,45 m × 2 × 22/7 ; nombre de tours pour celles-ci = (19 800 × 7)/(0,45 × 2 × 22) = (1 800 × 7)/1,80 = 7 000 ; les petites roues font en plus 7 000 – 4 200 = 2 800 tours.

MA NOTE : ... /5

3. Terrain polygonal ***(comptez 3 points pour le raisonnement ; 2 points de plus si vous réalisez le calcul à la main)***

Longueur de la diagonale EC = 24 m + 90 m + 24 m + 24 m = 162 m ; surface du triangle EDC = 1 m^2 × (162 × 45)/2 = 3 645 m^2 ; surface du trapèze EABC = 1 m^2 × [(162 + 90)/2] × 70 = 8 820 m^2 ; surface totale = 3 645 m^2 + 8 820 m^2 = 12 465 m^2 ou 124,65 ares ; valeur du terrain = 45 f × 124,65 = 5 609,25 f.

MA NOTE : ... /5

4. Des allées au carré ***(comptez 3 points pour le raisonnement ; 2 points de plus si vous réalisez le calcul à la main)***

Côté de chaque carré = (86 m – 1,80 m)/2 = 42,10 m ; surface = 1 m^2 × $42,10^2$ = 1 772,41 m^2.

MA NOTE : ... /5

5. Cercle de fleurs ***(comptez 3 points pour le raisonnement ; 2 points de plus si vous réalisez le calcul à la main)***

Surface de l'allée = surface du grand cercle – surface du petit ; rayon du grand cercle = 4,50 m/2 + 1,75 m = 4 m ; surface du grand cercle = 1 m^2 × 3,14 × 16 = 50,24 m^2 ; surface du petit cercle = 1 m^2 × 3,14 × $2,25^2$ = 15,89 m^2, par défaut ; surface de l'allée = 50,24 m^2 – 15,89 m^2 = 34,35 m^2, par défaut.

TOTAL : ... /30

PROBLÈMES DE ROBINETS, DE DÉBITS, VITESSES... P. 20-21

MA NOTE : ... /5

1. La fontaine débite ***(comptez 3 points pour le raisonnement ; 2 points de plus si vous réalisez le calcul à la main)***

Volume du bassin = 1 m^3 × 1,5 x 0,8 × 0,75 = 0,900 m^3 ou 900 l ; temps cherché 900/80 = 11 h 1/4.

MA NOTE : ... /5

2. Le robinet qui fuit ***(comptez 3 points pour le raisonnement ; 2 points de plus si vous réalisez le calcul à la main)***

2 jours valent 24 × 2 × 60 x 60 = 172 800 s ; il s'échappe en 2 jours 6 mm^3 × 2 × 172 800 = 2 073 600 mm^3 ou 2,07 l par défaut.

MA NOTE : ... /5

3. La pompe d'épuisement ***(comptez 3 points pour le raisonnement ; 2 points de plus si vous réalisez le calcul à la main)***

Les 3/5 du bassin contiennent (20 hl × 45)/60 = 15 hl ; contenance du bassin (15 hl × 5)/3 = 25 hl, soit 2,5 m^3.

MA NOTE : ... /5

4. L'éclair et le tonnerre ***(comptez 3 points pour le raisonnement ; 2 points de plus si vous réalisez le calcul à la main)***

Entre l'apparition de l'éclair et le bruit du tonnerre, il s'est écoulé 30/90 = 1/3 de minute ou 20 secondes. Distance du nuage = 340 m × 20 = 6 800 m ou 6,8 km.

MA NOTE : ... /10

5. L'omnibus Dijon-Paris ***(pour chaque réponse, comptez 3 points pour le raisonnement ; 2 points de plus si vous réalisez le calcul à la main***

1) Durée du trajet = 11 h 3 min + 24 h – 21 h 46 min = 13 h 17 min ; temps des arrêts = 2 min 1/2 × 36 = 90 min ; temps de marche = 13 h 17 min – 90 min = 11 h 47 min ou 707 min ; distance de Paris à Dijon = 0,445 km × 707 = 314,615 km.

2) S'il ne s'arrêtait pas, le train arriverait à Paris à 21 h 46 min + 11 h 47 min – 24 h = 9 h 33 min.

TOTAL : ... /30

FRACTIONS – ENTRAÎNEMENT P. 23

MA NOTE : ... /5

1. Pesez le savon, ... ***(comptez 3 points pour le raisonnement ; 2 points de plus si vous réalisez le calcul à la main)***

Masse totale = 1 kg 3/4 + 2 kg 5/8 + 2 kg 7/8 = 1 + 2 +2 + (6 + 5 + 7)/8 = 5 kg 18/8 ou 7 kg 1/4.

MA NOTE : ... /5

2. ... fractionnez le terrain, ... ***(comptez 3 points pour le raisonnement ; 2 points de plus si vous réalisez le calcul à la main)***

Somme des trois premiers lots = 4/15 + 3/20 + 1/3 = (16 + 9 + 20)/60 = 45/60 de la propriété. Le quatrième lot comprend 60/60 – 45/60 = 15/60 ou 1/4 de la propriété.

MA NOTE : ... /10

3. ... et serrez la vis ! ***(comptez 5 points pour le raisonnement ; 5 points de plus si vous réalisez le calcul à la main)***

La vis fera autant de tours que 2/9 de millimètre sont contenus de fois dans 3 cm 1/4 ou 13/4 de centimètres ou (13/4 × 10) millimètres, soit 65/2 millimètres. Nombre de tours = 65/2 : 2/9 = (65 × 9)/(2 × 2) = 585/4 = 146 tours 1/4.

TOTAL : ... /20

PROBLÈMES DE PARTAGES, DE MÉLANGES P. 24-25

MA NOTE : ... /5

1. La paire de poulets ***(comptez 4 points pour le raisonnement ; 1 point de plus si vous réalisez le calcul à la main)***

Masse des poulets = 800 g + 950 g = 1 750 g ; prix d'un kilogramme de poulet = 35/1,75 = 20 f ; prix du premier poulet = 20 f × 0,800 = 16 f ; prix du second poulet= 20 f × 0,950 = 19 f ; dépense totale = 35 f + 18 f = 53 f ; chaque personne paye 53/2 = 26,50 f ; prix d'un œuf = 9 f/12 = 0,75 f ; la première ménagère prendra (26,50 – 16)/0,75 = 14 œufs ; la seconde ménagère prendra (26,50 – 19)/0,75 = 10 œufs.

MA NOTE : ... /5

2. L'âge tendre ***(comptez 4 points pour le raisonnement ; 1 point de plus si vous réalisez le calcul à la main)***

Dans un an, ils auront ensemble 21 ans et la somme de leurs âges représentera 3 fois l'âge du plus petit ; âge du plus petit = 21/3 – 1 = 6 ans ; âge du plus grand = 19 – 6 = 13 ans.

MA NOTE : ... /7

3. Partages en cascade ***(comptez 5 points pour le raisonnement ; 2 points de plus si vous réalisez le calcul à la main)***

Prenons comme base la part de la 1re ; la 2e a la part de la 1re + 365 f ; la 3e a la part de la 1re + 365 f + 528 f ; soit la part de la 1re + 893 f ; la 4e la part de la 1re + 893 f + 756 f, soit la part de 1re + 1 649 f ; la somme entière représente 4 fois la part de la 1re + 365 f + 893 f + 1 649 f, soit 4 fois la part de la 1re + 2 907 f ; part de la 1re = (21 179 f – 2 907 f)/4 = 4 568 f ; part de la 2e = 4 568 + 365 f = 4 933 f ; part de la 3e = 4 933 f + 528 f = 5 461 f ; part de la 4e = 5 461 f + 456 f = 6 217 f.

MA NOTE : ... /5

4. Plein comme un tonneau ***(comptez 3 points pour le raisonnement ; 2 points de plus si vous réalisez le calcul à la main)***

Prix du mélange= (2,25 f × 120) + (3 f × 130) = 660 f ; prix du litre = 660 f/250 = 2,64 f.

MA NOTE : ... /8

5. Café mélangé ***(comptez 2 points par bonne réponse)***

1) Le mélange se fera dans la proportion de 2 kg à 18 f pour 3 kg à 13 f.

2) Pour avoir 120 kg de mélange, on prendra (120 × 2)/5 = 48 kg de la 1re sorte et (120 × 3)/5 = 72 kg de la 2e.

3) Si l'on a 50 kg de la 1re sorte, on prendra (50 × 3)/2 = 75 kg de la seconde.

4) Si l'on prend 75 kg de la 2e sorte, la masse totale du mélange sera de (75 × 5)/3 = 125 kg.

TOTAL : ... /30

PROBLÈMES DE VOLUMES, DE MASSES P. 26-27

MA NOTE : ... /5

1. Le réservoir ***(comptez 3 points pour le raisonnement ; 2 points de plus si vous réalisez le calcul à la main)***

Contenance du réservoir = 1 m^3 × 2,4 x 1,5 × 1,2 = 4,320 m^3 ou 4 320 l ; nombre de litres retirés = 225 l × 3 × 5 = 3 375 l ; il reste 4 320 l – 3 375 l = 945 l.

MA NOTE : ... /5

2. Le déluge ***(comptez 3 points pour le raisonnement ; 2 points de plus si vous réalisez le calcul à la main)***

Volume de mètre cubes = 12 000 000 × 0,0065 = 78 000 m^3 ou 780 000 hl.

MA NOTE : ... /5

3. La facture des courses ***(comptez 3 points pour le raisonnement ; 2 points de plus si vous réalisez le calcul à la main)***

Somme déboursée = 2,20 f × 2,5 + 16 f × 0,125 + 5 f × 2,5 + 5,50 f × 1,2 = 26,60 f ; la domestique doit rapporter 100 f – 26,60 f = 73,40 f.

MA NOTE : ... /5

4. Transport de houille ***(comptez 3 points pour le raisonnement ; 2 points de plus si vous réalisez le calcul à la main)***

Prix du chargement = 4,95 f × 8,65 t = 42,8175 f ; prix du transport = 0,09 f × 8,65 × 250 = 194,625 f ; prix total = 42,8175 f + 194,625 f = 237,4425 f, soit 237,45 f.

MA NOTE : ... /10

5. La pesée du veau ***(comptez 5 points pour le raisonnement ; 5 points de plus si vous réalisez le calcul à la main)***

Masse totale sur le petit plateau = 5 kg + 2 kg + 1 kg + 0,2 kg + 0,05 kg = 8,25 kg ; masse placée sur le grand plateau = 8,25 kg × 10 = 82,50 kg ; poids du veau = 82,50 kg – 1 kg = 81,5 kg ; prix du veau = 7,2 f × 81,5 = 586,80 f.

TOTAL : ... /30

PROBLÈMES DE MACHINES, DE MOBILES P. 28-29

MA NOTE : ... /5

1. À pleine vapeur ***(comptez 2,5 points par bonne réponse)***

12 t = 120 q ; 1) temps = 120/2,5 = 48 h ; 2) dépense par heure = 265 f x 0,25 = 66,25 f.

MA NOTE : ... /10

2. La bonne vitesse ***(comptez 5 points pour le raisonnement ; 5 points de plus si vous réalisez le calcul à la main)***

À 14 h, le train parti de Paris a parcouru 30 km × 2 = 60 km ; les trains se croiseront après avoir parcouru, à eux deux, 512 km – 60 km = 452 km ; ils doivent parcourir cette distance en 18 h – 14 h = 4 h ; ils doivent couvrir par heure 452/4 = 113 km ; vitesse cherchée = 113 km – 30 km = 83 km/h.

MA NOTE : ... /5

3. Heure d'arrivée ***(comptez 3 points pour le raisonnement ; 2 points de plus si vous réalisez le calcul à la main)***

Durée du parcours = (40 min × 397)/50 = 317 min 3/5 ou 5 h 17 min 36 s ; vous arriverez à 8 h 50 min + 5 h 17 min 36 s = 14 h 7 min 36 s.

MA NOTE : ... /5

4. Les fous du volant ***(comptez 3 points pour le raisonnement ; 2 points de plus si vous réalisez le calcul à la main)***

Avance du premier = 35,5 km × 2 = 71 km ; différence des vitesses = 40,6 km – 35,5 km = 5,1 km ; le second rejoindra le premier au bout de 71/5,1 = 13 h 55 min 12 s ; heure de la rencontre = 10 h + 13 h 55 min 12 s = 23 h 55 min 12 s.

MA NOTE : ... /5

5. Le tour de piste ***(comptez 3 points pour le raisonnement ; 2 points de plus si vous réalisez le calcul à la main)***

À eux deux, ils parcourent la piste en 11 s. Longueur de la piste = (18 km × 11)/(60 x 60) + (36 km × 11)/(60 × 60) = 0,165 km.

TOTAL : ... /30

PROBLÈMES DE CAPACITÉS, DE BOIS DE CHAUFFAGE P. 30-31

MA NOTE : ... /5

1. Mesure faussée ***(comptez 3 points pour le raisonnement ; 2 points de plus si vous réalisez le calcul à la main)***

Quantité non fournies sur 1 l = 1 l – 0,97 l = 0,03 l ; quantité non fournie sur 6 l =0,03 l × 6 = 0,18 l ; somme cherchée = 2,50 f × 0,18 = 0,45 f.

MA NOTE : ... /5

2. Les graines de papa ***(comptez 3 points pour le raisonnement ; 2 points de plus si vous réalisez le calcul à la main)***

Différence du prix = 238 f – 170 f = 68 f ; prix du décalitre = 68 f/8 = 8,50 f ; dépense totale = 238 f + 170 f = 408 f ; nombre de doubles décalitres = 408/17 = 24.

MA NOTE : ... /5

3. Du bois par décastères ***(comptez 3 points pour le raisonnement ; 2 points de plus si vous réalisez le calcul à la main)***
Volume du tas de bois = 1 m^3 × 1,55 × 2 × 6 = 18,6 m^3 ou 18,6 stères ; somme à payer 38 f × 18,6 = 706,80 f.

MA NOTE : ... /5

4. La pile de bûches ***(comptez 3 points pour le raisonnement ; 2 points de plus si vous réalisez le calcul à la main)***
Volume de la pile = 1 m^3 × 3,25 × 2 × 1,2 = 7,8 m^3 ou 0,78 dast ; prix du décastère = 780/0,78 = 1 000 f.

MA NOTE : ... /10

5. Cheval de bois ***(comptez 5 points pour le raisonnement ; 5 points de plus si vous réalisez le calcul à la main)***
Nombre de stères = 1 st × (7,20 + 9,60) × 1,2 x 1,8 = 36,288 st ; masse du bois = 650 kg × 36,288 = 23 587,2 kg ; nombre de voyages = 23 587,2/1 200 soit 20 voyages, le dernier ne transportant que 787,2 kg.

TOTAL : ... /30

PROBLÈMES D'ESCOMPTE – ENTRAÎNEMENT P. 33

MA NOTE : ... /5

1. Le commerçant touche ***(comptez 3 points pour le raisonnement ; 2 points de plus si vous réalisez le calcul à la main)***
Escompte = (675 f × 6,5 × 80)/36 000 = 9,75 f ; le commerçant recevra 675 f – 9,75 f = 665,25 f.

MA NOTE : ... /5

2. Le montant du billet ***(comptez 3 points pour le raisonnement ; 2 points de plus si vous réalisez le calcul à la main)***
Pour un billet de 100 f, l'escompte serait de (6 × 90)/360 = 1,50 f, et le banquier verserait 98,50 f ; montant du billet = (100 f × 797,85 f)/98,5 = 810 f.

MA NOTE : ... /5

3. La bonne échéance ***(comptez 3 points pour le raisonnement ; 2 points de plus si vous réalisez le calcul à la main)***
Escompte = 840 f – 836,85 f = 3,15 f ; pour 360 jours, l'escompte serait de (840 f × 5)/100 = 42 f ; temps = (360 j × 3,15)/42 = 27 jours ; date = 15 juin.

MA NOTE : ... /5

4. Fraction et taux d'escompte ***(comptez 3 points pour le raisonnement ; 2 points de plus si vous réalisez le calcul à la main)***
2 mois = 1/6 d'une année. Pour 1 an, l'escompte serait les 6/100 de la valeur nominale. Taux = 6 %.

TOTAL : ... /20

PROBLÈMES DE DENSITÉ, DE MASSE DE L'EAU P. 34-35

MA NOTE : ... /5

1. Léger comme le liège ***(comptez 3 points pour le raisonnement ; 2 points de plus si vous réalisez le calcul à la main)***
Volume des bouchons = 6 cm^3 × 1 000 = 6 000 cm^3 ou 6 dm^3 ; 6 dm^3 d'eau pèsent 6 kg ; masse des bouchons = 6 kg × 0,24 = 1,440 kg.

MA NOTE : ... /5

2. Mini iceberg ***(comptez 3 points pour le raisonnement ; 2 points de plus si vous réalisez le calcul à la main)***
Volume du bloc de glace = 1 m^3 × 40 × 13,6 × 0,45 = 244,8 m^3 ; masse = 0,930 kg × 244 800 l = 227 644 kg ou 2 276,64 q ; masse du même volume d'eau = 244 800 kg ou 2 448 q ; masse de la charge = 2 448 q – 2 276,64 q = 171,36 q.

MA NOTE : ... /5

3. Le broc de lait ***(comptez 3 points pour le raisonnement ; 2 points de plus si vous réalisez le calcul à la main)***
Masse du lait = 7,850 kg – 2,7 kg = 5,150 kg ; volume de lait = 1 l × 5,15/1,03 = 5 l ; prix du lait = 1,20 × 5 = 6 f.

MA NOTE : ... /5

4. Ça patauge ***(comptez 3 points pour le raisonnement ; 2 points de plus si vous réalisez le calcul à la main)***
Volume de l'eau = 1 m^3 × 2 x 1,25 × (0,75 x 2)/3 = 1,250 m^3 ou 1 250 l ; masse de l'eau = 1 250 kg.

MA NOTE : ... /10

5. Duo de vases ***(comptez 5 points pour le raisonnement ; 5 points de plus si vous réalisez le calcul à la main)***
Masse de l'eau qui remplit les deux vases = 6,2 kg – 1,2 kg = 5 kg ; capacité totale = 5 l ; différence des capacités = 0,60 l ; contenance du plus grand = (5 l + 0,60 l)/2 = 2,8 l ; contenance du plus petit = (5 l – 0,60 l)/2 = 2,2 l.

TOTAL : ... /30

PROBLÈMES D'ÉCHELLES, DE PLANTATIONS P. 36-37

MA NOTE : ... /5

1. La carte de France ***(comptez 3 points pour le raisonnement ; 2 points de plus si vous réalisez le calcul à la main)***
À l'échelle 1/8 000 000, 1 000 km sont représentés par 1 000 000 m/8 000 000 = 0,125 m = 12,5 cm ; et 900 km par 900 000 m/8 000 000 = 0,1125 m = 11,25 cm.

MA NOTE : ... /10

2. Le trapèze réduit ***(comptez 5 points pour le raisonnement ; 5 points de plus si vous réalisez le calcul à la main)***
Dimensions réelles : grande base = 0,24 m × 5 000 = 120 m, petite base = 0,0175 m × 5 000 = 87,50 m, hauteur = 0,008 m × 5 000 = 40 m ; superficie du champ = 1 m^2 × (87,50 + 120)/2 × 40 = 4 150 m^2 ; valeur du champ = 0,25 f × 4 150 = 1 037,50 f.

MA NOTE : ... /5

3. L'avenue des tilleuls ***(comptez 3 points pour le raisonnement ; 2 points de plus si vous réalisez le calcul à la main)***
Nombre d'intervalles sur chaque côté = 208,25/12,25 = 17 ; nombre total d'arbres = (17 + 1) × 2 = 36.

MA NOTE : ... /5

4. Villages verts ***(comptez 3 points pour le raisonnement ; 2 points de plus si vous réalisez le calcul à la main)***
Nombre d'intervalles, sur chaque côté = 13 000/20 = 650 ; nombre total d'arbres = 649 × 2 =1 298 ; prix de la plantation = (3,25 f + 2,75 f) × 1 298 = 7 788 f.

MA NOTE : ... /5

5. Le chemin des dattes ***(comptez 3 points pour le raisonnement ; 2 points de plus si vous réalisez le calcul à la main)***
Nombre d'arbres d'un seul côté = (750 × 3)/2 = 1 125 ; nombre des intervalles = 1 125 - 1 = 1 124 ; distance entre deux arbres consécutifs = 35 968 m/1 124 = 32 m ; nombre d'arbres = 1 125 × 2 = 2 250.

TOTAL : ... /30

PROBLÈMES PAR L'ABSURDE, PROBLÈMES D'INTÉRÊTS P. 38-39

MA NOTE : ... /5

1. La somme en billets ***(comptez 3 points pour le raisonnement ; 2 points de plus si vous réalisez le calcul à la main)***
Si tous les billets étaient de 100 f ; la somme serait 100 f × 20 = 2 000 f ; elle serait trop élevée de 2 000 f - 1 650 f = 350 f ; si l'on remplace un billet de 100 f par un billet de 50 f, la somme diminue de 50 f ; nombre de billets de 50 f = 350/50 = 7 ; nombre de billets de 100 f = 20 - 7 = 13.

MA NOTE : ... /5

2. Quel cirque ! ***(comptez 3 points pour le raisonnement ; 2 points de plus si vous réalisez le calcul à la main)***
Si toutes les personnes avaient payé 12 f, la recette aurait été de 12 f × 450 = 5 400 f ; elle est supérieure à la recette effectuée de 5 400 f - 4 875 f = 525 f ; si l'on remplace une entrée à 12 f par une à 9 f, la recette diminue de 3 f ; nombre des entrées à 9 f = 525/3 = 175 ; nombre des entrées à 12 f = 450 - 175 = 275.

MA NOTE : ... /5

3. Maison à louer ***(comptez 3 points pour le raisonnement ; 2 points de plus si vous réalisez le calcul à la main)***
Frais d'acquisition = (24 000 f × 15)/100 = 3 600 f ; prix de revient = 24 000 f + 3 600 f = 27 600 f ; intérêts = (27 600 f × 8)/100 = 2 208 f ; loyer = 2 208 f + 400 f + 150 f = 2 758 f.

MA NOTE : ... /5

4. Le taux du terrain ***(comptez 3 points pour le raisonnement ; 2 points de plus si vous réalisez le calcul à la main)***
Revenu annuel = 1 400 f - 920 f = 480 f ; taux = (480 × 100)/4 800 = 10 %.

MA NOTE : ... /10

5. Placement immobilier ***(comptez 5 points pour le raisonnement ; 5 points de plus si vous réalisez le calcul à la main)***
Loyer annuel = (60 f × 12) + (250 f × 4) = 1 720 f ; frais annuels = 145 f + 180 f = 325 f ; revenu net = 1 720 f - 325 f = 1 395 f ; taux = (1 395 × 100)/45 000 = 3,1 %.

TOTAL : ... /30

PROBLÈMES VARIÉS P. 40-41

MA NOTE : ... /5

1. La barre de fer ***(comptez 3 points pour le raisonnement ; 2 points de plus si vous réalisez le calcul à la main)***
Surface de la section = (120 + 150 + 120) × 8 = 3 120 mm^2 ou 0,3120 dm^2 ; volume de la barre = 0,312 × 25 = 7,8 dm^3 ; poids de la barre = 7,8 × 7,8 = 60,840 kg.

MA NOTE : ... /5

2. La ligne de métro ***(comptez 3 points pour le raisonnement ; 2 points de plus si vous réalisez le calcul à la main)***
La ligne de métro comporte 26 intervalles et 25 stations intermédiaires ; temps pendant lequel un train roule = 95 × 26 = 2 470 secondes ; durée des arrêts aux stations = 25 × 15 = 375 secondes ; durée totale du trajet = 2 470 + 375 = 2 845 secondes ou 47 min 25 s.

MA NOTE : ... /5

3. Les bons points ***(comptez 3 points pour le raisonnement ; 2 points de plus si vous réalisez le calcul à la main)***
Somme des bons points = 40 + 72 + 48 = 160 ; part du 1er = (100 f × 40)/160 = 25 f ; part du 2e = (100 f × 72)/160 = 45 f ; part du 3e = (100 f × 48)/160 = 30 f.

MA NOTE : ... /5

4. Tuyau de poêle ***(comptez 3 points pour le raisonnement ; 2 points de plus si vous réalisez le calcul à la main)***
Largeur de la tôle = 3,14 × 0,16 × 0,0125 = 0,515 m ; surface de la tôle = 0,515 × 1,9 = 0,9785 m^2 ; volume de la tôle = 0,9785 × 0,0008 = 0,000782 m^3 ou 0,782 dm^3 ; poids du tuyau = 7,5 × 0,782 = 5,865 kg.

MA NOTE : ... /10

5. Un cavalier qui surgit... ***(comptez 5 points pour le raisonnement ; 5 points de plus si vous réalisez le calcul à la main)***
Puisque le cavalier va 3 fois plus vite que le piéton, AM est 3 fois MB ; donc, MB = AB/4 ; de même AM' = 3 M'B ; donc, M'B = AB/2 ; MM' = 3 AB/4 et AB = 4/3 MM' = (6 × 4)/3 = 8 km.

TOTAL : ... /30

PROBLÈMES DE MOBILES - ENTRAÎNEMENT P. 43

MA NOTE : ... /5

1. La vitesse du piéton ***(comptez 3 points pour le raisonnement ; 2 points de plus si vous réalisez le calcul à la main)***
6 km 3/4 = 6,750 km ; 1 h 1/2 = 90 min ; vitesse à l'heure = (6,750 × 60)/90 = 4,5 km.

MA NOTE : ... /5

2. Train de nuit ***(comptez 3 points pour le raisonnement ; 2 points de plus si vous réalisez le calcul à la main)***
Temps écoulé = 24 h - 22 h 1/4 + 2 h 5/6 = 4 h 7/12 ou 4 h 35 min ou 275 min ; distance parcourue = (60 km × 275)/60 = 275 km.

MA NOTE : ... /5

3. Rendez-vous entre Paris et Lyon *(comptez 3 points pour le raisonnement ; 2 points de plus si vous réalisez le calcul à la main)*
Quand le train de Lyon part, le train parti de Paris marche depuis 1 h 45 min ; il a parcouru (48 km × 105 min)/60 min = 84 km ; distance qui sépare alors les deux trains = 512 km – 84 km = 428 km. En 1 h, les deux trains se rapprochent de 48 km + 32 km = 80 km. La rencontre aura lieu au bout de 428/80 = 5 h 21 min. Distance à Paris du point de rencontre = 84 km + (48 km × 428/80) = 340,8 km.

MA NOTE : ... /5

4. La course-poursuite *(comptez 3 points pour le raisonnement ; 2 points de plus si vous réalisez le calcul à la main)*
Avance du cycliste = 30 km + 15 km = 45 km ; l'automobile rattrape en une heure 50 km – 30 km = 20 Km ; temps pour rejoindre = 45/20 = 2 h 1/4.

TOTAL : ... /20

PROBLÈMES DE MESURES AGRAIRES, DE PARTAGES RURAUX P. 44-45

MA NOTE : ... /10

1. Vente par lots *(comptez 5 points pour le raisonnement ; 5 points de plus si vous réalisez le calcul à la main)*
Superficie d'un lot = 504 a/3 = 168 a ; prix de vente du 1er lot = 30 f × 168 = 5 040 f ; prix de vente du 2e lot = 35 f × 168 = 5 880 f ; prix de vente des deux lots = 5 040 f + 5 880 f = 10 920 f ; il doit vendre le tout 15 840 f + 1 464 f = 17 304 f ; il doit vendre le 3e lot 17 304 f – 10 920 f = 6 384 f ; il doit vendre le mètre carré 6 384/16 800 = 0,38 f.

MA NOTE : ... /5

2. Comparer les prix *(comptez 3 points pour le raisonnement ; 2 points de plus si vous réalisez le calcul à la main)*
Prix du 1er terrain = 8 000 f × 1,08 = 8 640 f ; contenance du 2e terrain = 1,08 ha – 0,42 ha = 0,66 ha ou 6 600 m^2 ; prix total du 2e terrain = 8 640 f – 2 700 f = 5 940 f ; prix d'un mètre carré du 2e terrain = 5 940 f/6 600 = 0,90 f.

MA NOTE : ... /5

3. D'ares, d'ares *(comptez 3 points pour le raisonnement ; 2 points de plus si vous réalisez le calcul à la main)*
Bénéfice par mètre carré = 87,5 f/7 – 84,15 f/11 = 4,85 f ; bénéfice par are = 4,85 × 100 = 485 f ; surface du terrain = 1 231,90/485 = 2,54 a.

MA NOTE : ... /5

4. Les minotiers *(comptez 3 points pour le raisonnement ; 2 points de plus si vous réalisez le calcul à la main)*
Le minotier qui a payé le plus a donné (7 425 f + 1 485 f)/2 = 4 455 f ; l'autre a donné 7 425 f – 4 455 f = 2 970 f ; prix de l'hectolitre de blé = 1 485/15 = 99 f ; l'un des minotiers a acheté 4 455/99 = 45 hl ; l'autre a acheté 2 970/99 = 30 hl.

MA NOTE : ... /5

5. Les chasseurs *(comptez 3 points pour le raisonnement ; 2 points de plus si vous réalisez le calcul à la main)*
Le 3e ayant reçu 12 f, les parts sont estimées à 12 f ; prix de la perdrix = 12 f – 3 f = 9 f ; prix du lièvre = 12 f + 3 f + 12 f = 27 f.

TOTAL : ... /30

PROBLÈMES DE GÉOMÉTRIE P. 46-47

MA NOTE : ... /5

1. Calcul pharaonique *(comptez 3 points pour le raisonnement ; 2 points de plus si vous réalisez le calcul à la main)*
Le volume de la pyramide est donné par (surface base × hauteur)/3 ; donc aire de base = (2 637 000 × 3)/147 = 53 816 m^2 à 1 m^2 près ; procéder par tâtonnement pour trouver la racine carrée de 53 816 : il vient longueur du côté = 232 m ; pourtour de la base = 232 × 4 = 928 m.

MA NOTE : ... /5

2. Cocarde tricolore *(comptez 3 points pour le raisonnement ; 2 points de plus si vous réalisez le calcul à la main)*
Surface du cercle central = 3,14 × 35^2 = 3 846 mm^2 ; surface de la couronne du milieu : 3,14 × (50^2 – 35^2) = 4 003 mm^2 ; surface de la couronne extérieure = 3,14 × (65^2 – 50^2) = 5 416 mm^2.

MA NOTE : ... /5

3. Le verre à cocktail *(comptez 3 points pour le raisonnement ; 2 points de plus si vous réalisez le calcul à la main)*
Le volume d'un cône est donné par 1/3 × π × rayon^2 × hauteur ; contenance d'une coupe : (3,14 × 2,5^2 × 15)/3 =98,125 cm^3 ; quantité de vins versés dans chaque coupe (98,125 × 3)/4 = 73,593 cm^3 ; nombre de coupes : 650/75,593 = 9 par excès.

MA NOTE : ... /5

4. Dîner en ville *(comptez 3 points pour le raisonnement ; 2 points de plus si vous réalisez le calcul à la main)*
Longueur du pourtour de la table, sans rallonge = 1,2 × 3,14 = 3,768 m ; nombre de personnes pouvant prendre place la table = 3,768/0,7 = 5 ; longueur du pourtour de la table, avec les rallonges 3,768 + (0,5 × 4) = 5,768 ; nombre de personnes = 5,768/0,7 = 8.

MA NOTE : ... /10

5. Au fond du trou *(comptez 5 points pour le raisonnement ; 5 points de plus si vous réalisez le calcul à la main)*
Volume du trou creusé = 3,14 × 0,95^2 × 12,8 = 36,273 m^3 ; volume de la terre retirée = (36,273 × 6)/5 = 43,527 m^3 ; volume intérieur du puits : 3,14 × 0,75^2 × 12,8 = 22,608 m^3 ; volume de la maçonnerie = 36,273 – 22,608 = 13,665 m^3 ; prix de revient du puits = (240 × 43,527) + (750 × 13,665) = 20 695 f.

TOTAL : ... /30

PROBLÈMES DE TEMPS, DE MÉRIDIENS, DE LATITUDE P. 48-49

MA NOTE : ... /5

1. Prévoir le calendrier ***(comptez 1 point par bonne réponse ; 1 point de plus si vous réalisez le calcul à la main)***

Du 1er janvier au 14 juillet inclus, il s'écoule : 31 + 28 + 31 + 30 + 31 + 30 + 14 = 195 jours, soit 27 semaines et 6 jours. Le 14 juillet vient donc 6 jours après un mercredi, soit un mardi ; du 1er janvier au 1er octobre inclus, il s'écoule : 195 + 17 + 31 + 30 + 1 = 274 jours, ou 39 semaines et 1 jour. Le 1er octobre est un jeudi ; du 1er janvier au 11 novembre inclus, il s'écoule : 274 + 30 + 11 = 315 jours ou 45 semaines. Le 11 novembre est un mercredi ; le 1er janvier de l'année suivante est un vendredi.

MA NOTE : ... /5

2. Éclairage public ***(comptez 3 points pour le raisonnement ; 2 points de plus si vous réalisez le calcul à la main)***

Consommation totale = 145 × 4,25 × 3 × 31 = 57 311 l ou 57,311 m^3 ; dépense = 2,50 × 57,311 = 143,27 f.

MA NOTE : ... /5

3. Le temps qui coule ***(comptez 3 points pour le raisonnement ; 2 points de plus si vous réalisez le calcul à la main)***

4 h 35 min valent 275 min ; quantité d'eaux fournies = 3,5 l × 275 = 962,5 l ; il faudra encore 1 050 l – 962,5 l = 87,5 l ; temps = 87,5/3,5 = 25 min.

MA NOTE : ... /5

4. L'heure de Paris ***(comptez 3 points pour le raisonnement ; 2 points de plus si vous réalisez le calcul à la main)***

Il faut compter un tour ou 360° pour 24 heures. Pour avoir un écart d'une heure, il faut compter 360°/24 = 15° de longitude. Donc 1° de longitude représente un écart de 60 min/15° = 4 min. Pour Paris, situé à l'est de Greenwich, il s'agit d'un retard de 2° (8 min), 20' (80 s) et 15'' (1 s) soit au total 9 min 21 s.

MA NOTE : ... /10

5. Latitude nord ***(comptez 7 points pour le raisonnement ; 3 points de plus si vous réalisez le calcul à la main)***

Latitude de Dunkerque = 48° 51' + 2° 11' = 51° 2' ; les 360° d'un tour de Terre mesurent 40 000 km, donc un arc d'un degré sur un méridien, ou sur l'équateur mesure 40 000/360 = 111,111 km ; l'arc d'une minute représente 111,111/60 = 1,852 ; distance entre les deux villes : (111,111 × 2) + (1,852 × 11) = 242 km.

TOTAL : ... /30

PROBLÈMES DE PLACEMENTS D'ARGENT, DE RENTES, DE SOCIÉTÉ P. 50-51

MA NOTE : ... /5

1. Le grand capital ***(comptez 3 points pour le raisonnement ; 2 points de plus si vous réalisez le calcul à la main)***

Le capitaliste doit payer 412 f × 6 + 465 f × 4 = 4 332 f ; revenu = [(500 × 5,5)/100 × 6] + [(500 × 4)/100 × 4] = 245 f ; revenu net = (245 f × 4)/5 = 196 f ; taux du placement = (196 f × 100)/4 332 = 4,52 %.

MA NOTE : ... /5

2. La mutualité scolaire ***(comptez 3 points pour le raisonnement ; 2 points de plus si vous réalisez le calcul à la main)***

Cotisations versées = (0,10 f × 52 × 3) + (0,25 f × 3) = 16,35 f ; indemnité reçue = 0,50 f × 18 = 9 f ; versements pour retraite = 3 f × 3 = 9 f ; bénéfice retiré = 9 f + 9 f – 16,35 f = 1,65 f.

MA NOTE : ... /5

3. Calcul de rentier ***(comptez 3 points pour le raisonnement ; 2 points de plus si vous réalisez le calcul à la main)***

Revenu annuel = 550 f × 4 = 2 200 f ; capital nécessaire = (58,60 f × 2 200)/4 = 32 230 f.

MA NOTE : ... /5

4. Start up ***(comptez 3 points pour le raisonnement ; 2 points de plus si vous réalisez le calcul à la main)***

Différence des mises = 25 640 f – 22 400 f = 3 240 f ; 3 240 f de mise donnent 648 f de bénéfice ; gain du 1er = (648 f × 25 640)/3 240 = 5 128 f ; gain du 2e = 5 128 f – 648 f = 4 480 f.

MA NOTE : ... /10

5. La faillite ***(comptez 7 points pour le raisonnement ; 3 points de plus si vous réalisez le calcul à la main)***

Valeur du centime le franc = 45 000/60 000 = 0,75 f ; s'il a reçu 9 600 f, sa créance était de 9 600/0,75 = 12 800 f ; pour 100 f, le créancier a reçu 0,75 f × 100 = 75 f.

TOTAL : ... /30

MESURES AGRAIRES – ENTRAÎNEMENT P. 52

MA NOTE : ... /5

1. Convertir en ares ***(comptez 1 point par bonne réponse)***

1) 7 250 a ; 2) 4,28 a ; 3) 34,80 a ; 4) 805 a ; 5) 40 900 a.

MA NOTE : ... /5

2. Convertir en mètres carrés ***(comptez 1 point par bonne réponse)***

1) 7 205 m^2 ; 2) 247 000 m^2 ; 3) 1 280 700 m^2 ; 4) 30 008 m^2 ; 5) 150 905 m^2.

MA NOTE : ... /5

3. Hectares à vendre ***(comptez 3 points pour le raisonnement ; 2 points de plus si vous réalisez le calcul à la main)***

Surface de la propriété = 2,5 ha + 2,54 ha + 0,8745 ha = 5,9145 ha ; produit de la vente = 4 500 f × 5,9145 = 26 615,25 f.

MA NOTE : ... /5

4. Rectangle cultivable ***(comptez 3 points pour le raisonnement ; 2 points de plus si vous réalisez le calcul à la main)***

7 ha 5 a valent 70 500 m^2 ; longueur du champ = 70 500/125 = 564 m.

TOTAL : ... /20

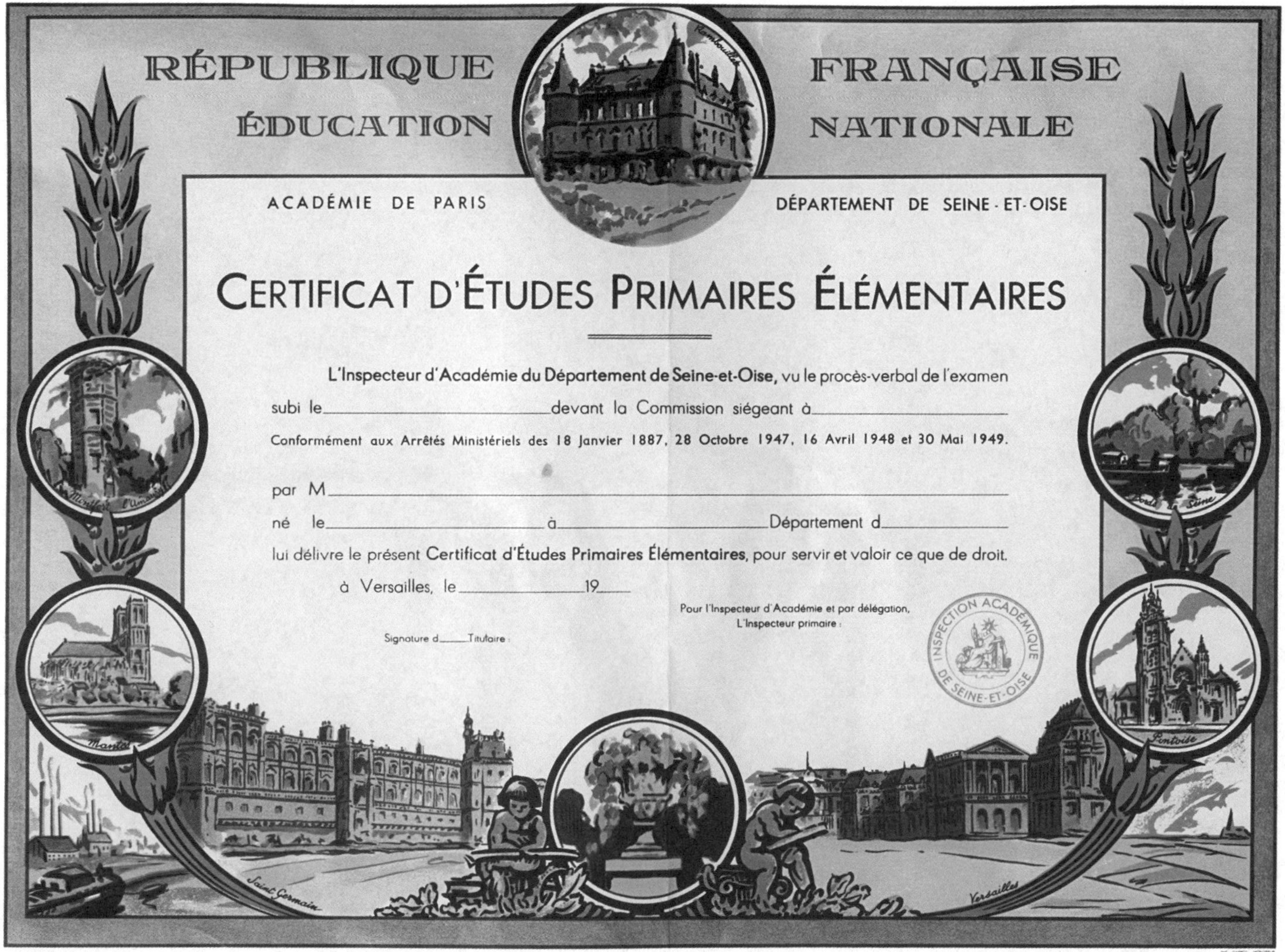

RÉPUBLIQUE FRANÇAISE

ÉDUCATION NATIONALE

ACADÉMIE DE PARIS

DÉPARTEMENT DE SEINE-ET-OISE

CERTIFICAT D'ÉTUDES PRIMAIRES ÉLÉMENTAIRES

L'Inspecteur d'Académie du Département de Seine-et-Oise, vu le procès-verbal de l'examen

subi le__________ devant la Commission siégeant à__________

Conformément aux Arrêtés Ministériels des 18 Janvier 1887, 28 Octobre 1947, 16 Avril 1948 et 30 Mai 1949.

par M__________

né le__________ à__________ Département d__________

lui délivre le présent **Certificat d'Études Primaires Élémentaires**, pour servir et valoir ce que de droit.

à Versailles, le__________ 19____

Signature d____ Titulaire :

Pour l'Inspecteur d'Académie et par délégation,
L'Inspecteur primaire :

INSPECTION ACADÉMIQUE DE SEINE-ET-OISE

Imprimé en Espagne par Macrolibros
Dépôt légal : septembre 2013 - 312121/06
N° de project : 11030692 - Janvier 2015